SOUMYA P S

O Poder das Enzimas Fúngicas: Explorando a lacase em Pleurotus ostreatus

SOUMYA P S

O Poder das Enzimas Fúngicas: Explorando a lacase em Pleurotus ostreatus

"Libertar o potencial dos catalisadores da natureza para a inovação ambiental e industrial"

ScienciaScripts

Imprint

Any brand names and product names mentioned in this book are subject to trademark, brand or patent protection and are trademarks or registered trademarks of their respective holders. The use of brand names, product names, common names, trade names, product descriptions etc. even without a particular marking in this work is in no way to be construed to mean that such names may be regarded as unrestricted in respect of trademark and brand protection legislation and could thus be used by anyone.

Cover image: www.ingimage.com

This book is a translation from the original published under ISBN 978-620-8-00992-2.

Publisher:
Sciencia Scripts
is a trademark of
Dodo Books Indian Ocean Ltd. and OmniScriptum S.R.L publishing group

120 High Road, East Finchley, London, N2 9ED, United Kingdom
Str. Armeneasca 28/1, office 1, Chisinau MD-2012, Republic of Moldova, Europe
Printed at: see last page
ISBN: 978-620-8-08062-4

"O Poder das Enzimas Fúngicas: Explorando a lacase em *Pleurotus ostreatus*"

"Libertar o potencial dos catalisadores da natureza para a inovação ambiental e industrial"

Conteúdo

Introdução

A procura cada vez maior de soluções sustentáveis e amigas do ambiente em várias indústrias trouxe as enzimas, especificamente as lacases, para a ribalta. *O Poder das Enzimas Fúngicas: Exploring Laccase in Pleurotus ostreatus* aprofunda o fascinante mundo das laccases, centrando-se no seu papel na degradação da lenhina e no seu vasto potencial em diversos sectores.

A lenhina, um biopolímero complexo e recalcitrante, é um componente integral da biomassa lenhinocelulósica - constituindo as paredes celulares das plantas e contribuindo para a rigidez e integridade estrutural das plantas. A estrutura complexa da lignina, com as suas diversas unidades fenólicas, apresenta desafios significativos para a sua degradação. No entanto, a capacidade de decompor a lenhina é crucial para aplicações ambientais e industriais, desde a redução da poluição até ao processamento de matérias-primas.

Os organismos que degradam a lenhina, nomeadamente os fungos, desenvolveram mecanismos sofisticados para combater a lenhina. Entre estes, *o Pleurotus ostreatus, vulgarmente* conhecido como pleuroto, destaca-se pela sua produção prolífica de laccases, uma classe de enzimas lenhinolíticas. As laccases, juntamente com as lignina peroxidases e as manganês peroxidases, desempenham um papel fundamental na degradação oxidativa da lignina, transformando-a em compostos mais simples e mais fáceis de gerir.

Este livro apresenta uma exploração abrangente de laccases de *Pleurotus ostreatus*, começando com um exame detalhado da estrutura da lignina e do papel das enzimas ligninolíticas. Abrange a estrutura molecular e os mecanismos de reação das lacases, investiga os factores que influenciam a sua produção - incluindo o pH, a temperatura e as fontes de nutrientes - e discute vários métodos de cultivo, como a fermentação submersa e a fermentação em estado sólido.

A discussão estende-se às propriedades bioquímicas e à purificação das lacases, aos seus fundamentos genéticos e às suas notáveis aplicações. Desde a melhoria dos processos da indústria alimentar e a revolução da indústria da pasta e do papel até ao avanço dos tratamentos têxteis e das estratégias de bioremediação, as lacases demonstraram a sua versatilidade. Além disso, o seu potencial na produção de bioetanol e na nanobiotecnologia abre novas fronteiras nas aplicações sintéticas.

À medida que navegamos pelos capítulos, este livro tem como objetivo fornecer tanto conhecimentos teóricos como práticos, tornando-o um recurso valioso para investigadores, profissionais e estudantes. Ao compreender os mecanismos e as aplicações das lacases, podemos aproveitar melhor o seu poder para enfrentar desafios prementes na gestão ambiental e nos processos industriais.

Bem-vindo a uma viagem pelo mundo enzimático do *Pleurotus ostreatus* e pelo seu impacto transformador na ciência e na tecnologia modernas

Lignina

Recentemente, os polímeros bio-renováveis provenientes de diferentes recursos naturais têm atraído uma maior atenção do grupo de investigação para diferentes aplicações, desde a biomédica à automóvel. A lenhina é a segunda biomassa não alimentar mais abundante, a seguir à celulose, na categoria dos polímeros bio renováveis (Thakur e Thakur, 2015). O seu nome deriva da palavra latina "lignum", que significa "madeira". A lenhina é um componente estrutural da parede celular das plantas e actua como um fator vital no metabolismo de uma planta em crescimento. Nas células das plantas superiores, a lenhina fornece o suporte físico necessário para o crescimento das plantas, servindo como material de cimentação que une as longas fibras de polissacarídeos nas paredes celulares e também fornece proteção contra o ataque microbiano. Pela mesma razão, a lenhina é considerada um grande impedimento ao processo de decomposição da biomassa em açúcares simples por enzimas hidrolíticas (Zeng *et al.*, 2015).

Devido aos vários aspectos da lenhina, pessoas de diferentes disciplinas vêem-na de ângulos diferentes. Por exemplo, um químico orgânico pode estar interessado na sua estrutura complexa, enquanto um botânico a considera como um fator vital no metabolismo da planta em crescimento e também como um componente estrutural da parede celular da planta. Os fitopatologistas, microbiologistas e cientistas do solo debruçam-se principalmente sobre o valioso húmus do solo, que se forma após o ataque de fungos ou bactérias à lenhina da madeira. Mas na indústria do papel e da pasta de papel, um engenheiro químico considera a lenhina como um constituinte incómodo da madeira que tem de ser removido das aparas de madeira para o fabrico de papel de boa qualidade.

Estrutura da lenhina

O carácter compósito da madeira foi reconhecido pela primeira vez por Anselme Payen em 1838, que mencionou a substância rica em carbono que incorporava a celulose na madeira como "material incrustante" (Adler, 1977). Mais tarde, em 1865, Schulze definiu este material incrustante como lenhina (Sjöström, 1993). Tal como a celulose e a hemicelulose, a lenhina também é composta por carbono, hidrogénio e oxigénio. Mas na lenhina estes átomos de carbono, hidrogénio e oxigénio estão combinados de forma diferente e também em proporções diferentes. A lenhina contém cerca de 65 % de carbono, 6 % de hidrogénio e 29 % de oxigénio. É uma molécula de polímero gigante com porções alifáticas e aromáticas. Os monómeros da lenhina são formados por unidades de fenilpropano. Estas unidades estão interligadas por ligações carbono-carbono ou éter, o que confere às lenhinas uma estrutura tridimensional complicada, tornando-as assim recalcitrantes. A biodegradação da lenhina ocupa uma posição importante no ciclo global do carbono. Os estudos da biodegradação da lenhina são de grande importância para possíveis aplicações biotecnológicas, uma vez que os polímeros de lenhina são o principal obstáculo à utilização eficiente de materiais lenhinocelulósicos numa vasta gama de processos industriais

(Eriksson *et al.*, 1990; Eggert *et al.*, 1996). O teor de lenhina do material vegetal lenhoso também varia muito. Por exemplo, as madeiras macias têm cerca de 25 a 50 por cento e as madeiras duras cerca de 20 a 25 por cento de lenhina.

Os álcoois coniferílico, sinapílico e p-cumarílico (Fig.2.1) são os três principais precursores da biossíntese da lenhina. A lenhina é um biopolímero heterogéneo constituído por três unidades fenilpropano: guaiacilo (do precursor álcool coniferílico), siringil (do precursor álcool sinapílico) e p-hidroxifenil (do precursor álcool p-cumarílico). Todos estes três blocos de construção da lenhina foram formados a partir da D-glicose através de várias reacções enzimáticas complexas (Sjöström, 1993).

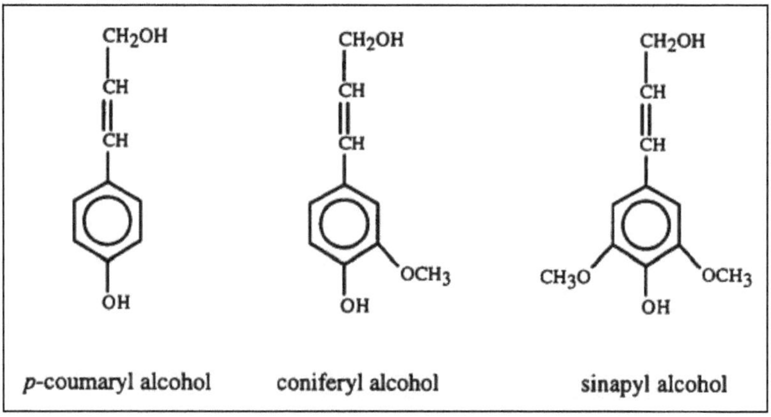

Precursores fenilpropanóides da lenhina (Castillo del Pilar, 1997)

A lenhina é biossintetizada pela polimerização destes precursores pelas enzimas peroxidase (Higuchi 1985) ou lacase (Sterjiades *et al.*, 1992, 1993). Três destes precursores diferem principalmente no número de grupos metoxilo no anel aromático. A unidade siringil tem dois grupos metoxilo no anel fenílico, enquanto o guaiacilo tem um e a unidade p-hidroxifenil não tem grupo metoxilo no seu anel fenílico. As unidades de guaiacilo são mais difíceis de degradar. A quantidade destas unidades fenilpropanóides difere significativamente nos diferentes tipos de madeira. A lenhina de madeira macia contém maioritariamente unidades guaiacilas, enquanto a lenhina de madeira dura contém quantidades aproximadamente iguais de unidades guaiacilas e siringilas. As lenhinas de gramíneas contêm unidades de p-hidroxifenilo, bem como os outros dois tipos (Reid 1995). Em comparação com a lenhina siringil, a lenhina guaiacila mantém a lenhina-celulose mais densamente compactada (Krogh e Olsson, 2008). Estas unidades monoméricas de fenilpropano estão ligadas entre si por uma variedade de ligações para produzir uma matriz irregular complexa. Adler, em 1977, apresentou um modelo de estrutura de lenhina, Fig. 2.2, constituído por 16 unidades de fenilpropano e que representa apenas um fragmento da matriz de lenhina. A existência de diferentes estruturas de ressonância dos radicais fenoxi conduz a um elevado grau de variabilidade na estrutura molecular da lenhina (Durbeej *et al.*, 2002). O tipo de ligação na lenhina difere significativamente entre as madeiras macias e as madeiras duras (Tabela 2.1), no entanto, as ligações mais comuns são β-O-4, β-5, β-β, β-1, 5-5 e 5-O-4 (Adler, 1977; Sjöström, 1993).

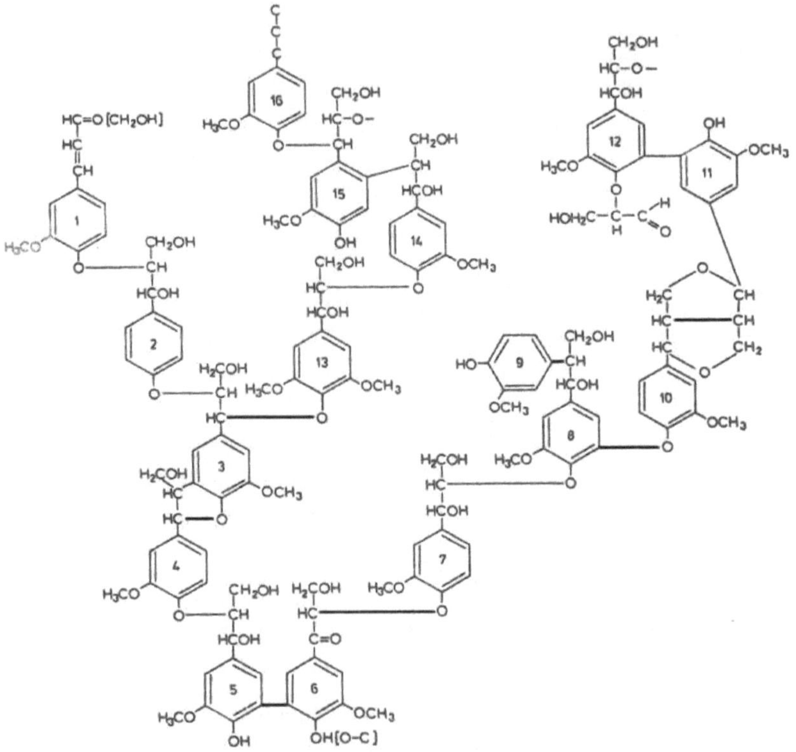

Fragmento de Adler (1977) de lignina modelo de madeira macia.

Percentagem de diferentes tipos de ligações que unem as unidades de fenilpropano na lenhina (Adler, 1977; Sjöström, 1993)

Linkage type[a]	Dimer structure	Percent of the total linkage	
		Softwood (spruce)	Hardwood (birch)
β-O-4	Arylglycerol-β-aryl ether	50	60[b]
α-O-4	Noncyclic benzyl aryl ether	2-8	7
β-5	Phenylcoumaran	9-12	6
5-5	Biphenyl	10-11	5
4-O-5	Diaryl ether	4	7
β-1	1,2-Diaryl propane	7	7
β-β	Linked through side chains	2	3

Biomassa lignocelulósica

De acordo com os relatórios da Administração de Informação sobre Energia dos EUA (EIA, 2013), os combustíveis fósseis fornecem atualmente quase 80 % da energia utilizada no mundo. Prevê-se que o consumo global de energia aumente 56% até 2040, devido ao aumento da população mundial e à industrialização global (Energy Information Administration 2013). O esgotamento drástico dos combustíveis fósseis e de outros recursos naturais, bem como a crescente consciencialização da sociedade para a poluição ambiental, obrigaram as indústrias a substituir a utilização destes recursos por matérias-primas mais sustentáveis e económicas. Esta procura resultou na descoberta de subprodutos agrícolas, que se enquadram na categoria de biomassa lignocelulósica, gerada juntamente com a transformação de culturas agrícolas. São baratos, estão amplamente disponíveis e não competem com o sistema de produção alimentar. Uma vez que a produção de biomassa lignocelulósica se baseia nos processos fotossintéticos, são praticamente inesgotáveis. Independentemente da fonte, o material lignocelulósico contém três tipos de polímeros: celulose, hemicelulose e lignina. A composição e a quantidade destes polímeros nas paredes celulares/tecidos das plantas variam consoante a espécie vegetal. Além disso, a composição numa única planta varia com a idade, a fase de crescimento e outras condições. A Tabela 2.2 mostra as composições destes três componentes em diferentes resíduos agrícolas e vários outros materiais lignocelulósicos.

Teor de celulose, hemicelulose e lignina em alguns materiais lignocelulósicos comuns (Anwar *et al.*, 2014)

Materiais lignocelulósicos	% de peso seco		
	Celulose	Hemicelulose	Lignina
Bagaço	33.0	30.0	29.0
Palha de cevada	40.0	20.0	15.0
Sêmea de cevada	30.0	50.0	15.0
Espiga de milho	42.0	39.0	14.0
Talos de algodão	42.0	12.0	15.0
Palha de milho	33.5	24.9	7.8
Cascas de amendoim	38.0	36.0	16.0
Palha de aveia	41.0	16.0	11.0

Palha de arroz	32.0	24.0	13.0
Palha de trigo	30.0	24.0	18.0
Caule de sorgo	27.0	25.0	11.0
Fibra de coco	36-43	15-25	41-45
Grainha de uva	7.1	31.1	43.5
Switchgrass	45.0	31.4	12.0
Folhas de ananás	66.2	19.5	10.5-15

Vários processos agrícolas resultam na produção de biomassa lignocelulósica em grandes quantidades, ≈73,9 Tg/ano no mundo (Kim e Dale, 2004). A maioria destes resíduos é deixada no campo, causando um grande problema de eliminação. No entanto, a biomassa lignocelulósica tem um grande potencial como matéria-prima, amplamente utilizada para a produção industrial de vários produtos de valor acrescentado, tais como enzimas (Patel *et al.*, 2009; Rajendran *et al.*, 2011), açúcares redutores (Sreenath *et al.*, 1999), furfural (Vazquez *et al.*, 2007) e etanol (Saha *et al.*, 1998; 2005). No entanto, devido à natureza recalcitrante da lenhinocelulose, a bioconversão direta da biomassa lenhinocelulósica tem um rendimento baixo. A recalcitrância da lignocelulose é devida à cristalinidade da celulose, à hidrofobicidade da lignina e ao encapsulamento da celulose pela matriz lignina-hemicelulose (Barakat *et al.*, 2013; Agbor *et al.*, 2011). A proteção física da celulose contra as enzimas celulolíticas pelas lenhinas é um dos principais obstáculos à conversão eficaz das lenhinoceluloses. Este facto pode ser ultrapassado através de vários procedimentos de pré-tratamento, que incluem procedimentos físicos, mecânicos e biológicos. Existem na natureza microrganismos que podem degradar eficazmente a lenhina na biomassa lignocelulósica. A conversão enzimática da biomassa lenhinocelulósica com a ajuda destes organismos que degradam a lenhina dá resultados promissores nesta área de investigação.

Organismos que degradam a lenhina

Os principais organismos responsáveis pela degradação efectiva da lignocelulose são os fungos filamentosos aeróbicos e, dentro deste grupo, os basidiomicetos são os mais promissores (Kirk e Farrell, 1987). A degradação fúngica da lignocelulose é mais facilmente observável em madeira morta intacta. Na natureza, a decomposição fúngica da madeira pode ser observada em três tipos distintos: podridão branca, podridão castanha e podridão mole (Eriksson *et al.*, 1990). Entre eles, o fungo seletivo da podridão branca que degrada a lenhina tem imensa importância, uma vez que pode degradar a lenhina mais rápida e extensivamente do que os fungos da podridão castanha (Akhtar *et al.*, 1997; Yu *et al.*, 2009; Nagadesi e Arya, 2013; Bugg e Rahmanpour, 2015), aumentando assim a utilização de resíduos agrícolas lignocelulósicos. De toda a literatura disponível sobre a degradação da lenhina, é claro que os fungos da podridão branca são os degradadores de lenhina superiores e são capazes de mineralizar completamente tanto a lenhina como os componentes de hidratos de carbono da madeira. O fungo da podridão branca decompõe todas as fracções da madeira, deixando-a com um aspeto branco e fibroso. Degradam a lenhina com um modo de ação seletivo e não seletivo (Blanchette, 1995). Na decomposição selectiva, as fracções de lenhina e de hemicelulose são degradadas, enquanto a fração de celulose não é afetada. Na decomposição não selectiva, todas estas três fracções lenhinocelulósicas são igualmente degradadas (Hatakka, 2001; Blanchette, 1995). *Phanerochaete chrysosporium, Ceriporiopsis subvermispora, Dichomitus squalens e Phlebia radiata* são exemplos de fungos de podridão branca que causam decomposição selectiva em determinadas condições. Exemplos de fungos de podridão branca que provocam a decomposição não selectiva são *Trametes versicolor* e *Fomes fomentarius*. Existem muitos relatos na literatura sobre ambos os tipos de ataques simultâneos ao mesmo substrato, mediados por um fungo, por exemplo *Ganoderma lucidum* (Reid, 1995). O mecanismo exato subjacente ao seu protocolo de degradação não é bem conhecido, embora seja mencionado o papel potencial de algumas enzimas lenhinolíticas na degradação da madeira.

A decomposição da lenhina é um desafio porque envolve múltiplas reacções bioquímicas que têm de ocorrer simultaneamente (Sahoo e Gupta, 2005). Os principais desafios para os organismos que degradam a lenhina são: difícil clivagem da ligação C-C ou da ligação éter, acessibilidade restrita à lenhina devido à sua estrutura insolúvel, heterogénea e irregular. Para ultrapassar estes constrangimentos, os fungos da podridão branca realizam a combustão enzimática da lenhina através da produção de um conjunto de isoenzimas extracelulares conhecidas coletivamente como "enzimas ligninolíticas". Nesta combustão enzimática, o potencial oxidante do oxigénio molecular ou do peróxido de hidrogénio pelas enzimas ligninolíticas peroxidase ou lacase é explorado para oxidar as unidades aromáticas (Kirk e Farrell, 1987). Dependendo do seu perfil enzimático extracelular, diferentes organismos podem degradar a lenhina em diferentes graus. *P. chrysosporium* degrada a lignina numa extensão de 65 a 70%, enquanto outros como *Coriolus versicolor* e *Ganoderma applanatum* degradam mais de 45% da lignina em materiais lignocelulósicos (Mahesh e Mohini, 2013).

Pleurotus ostreatus
Classificação

Taxonomia	
Filo	Basidiomycota
Classe	Agaricomycetes
Encomendar	Agaricales
Família	Pleurotaceae

Pleurotus ostreatus

Vulgarmente conhecido como cogumelos ostra, este fungo basidiomiceto de podridão branca comestível produz enzimas ligninolíticas. É muito fácil de cultivar e vários substratos lignocelulósicos podem ser utilizados para o crescimento deste organismo. Para além de várias enzimas ligninolíticas, também pode produzir celulases, pectinases, poligalacturonase, xilanases, amilases e proteases (Palmieri *et al.*, 2001; Rashad *et al.*, 2010; Reddy *et al.*, 2003; Sing *et al.*, 2012). É o segundo cogumelo mais comum produzido na Índia, bem como a nível mundial. Os pleurotos têm sido intensamente estudados pelo seu elevado valor gastronómico, capacidade de colonizar e degradar resíduos lignocelulósicos e menor tempo de crescimento em comparação com outros cogumelos comestíveis.

Enzimas modificadoras da lenhina ou enzimas ligninolíticas

Como a lenhina tem uma estrutura polimérica heterogénea complexa, os sistemas enzimáticos ou o mecanismo para a degradação da lenhina têm de ser robustos (Kirk e Cullen, 1998). A natureza irregular altamente estéreo e a ausência de ligações hidrolisáveis na estrutura da lenhina requerem um sistema enzimático, que deve ser de natureza oxidativa e ter a capacidade de ataque inespecífico. Na maioria dos fungos que degradam a lenhina, a lenhinólise (secreção de enzimas lenhinolíticas) ocorre sobretudo durante o metabolismo secundário, ou seja, sob limitação de nutrientes (Hammel, 1997). Este grupo de enzimas é constituído principalmente por três tipos de enzimas extracelulares, nomeadamente: peroxidases de lenhina (LiPs, lenhinases, EC 1.11.1.14), peroxidases de manganês (MnPs, peroxidases dependentes de Mn, EC 1.11.1.13) e Laccases (benzenediol:oxigénio oxidoredutase, EC 1.10.3.2). Todas estas três enzimas têm amplas especificidades de substrato (Kirk e Farrel, 1987), o que as tornou industrialmente importantes. O perfil enzimático extracelular destas enzimas lenhinolíticas varia entre diferentes espécies de fungos (Hatakka, 1994). Diferentes fungos produzem diferentes combinações destas três enzimas.

Para além destas três enzimas, algumas enzimas acessórias, a glioxal oxidase (GLOX) e a aril álcool oxidase (AAO), estão também envolvidas na degradação da lenhina, participando na produção de peróxido de hidrogénio.

Enzimas envolvidas na degradação da lenhina e suas principais reacções (Hatakka, 2001)

Enzima, abreviatura	Cofator ou substrato, "Mediador"	Efeito principal ou reação
Lignina peroxidase, LiP	$H O_{22}$, álcool veratrílico	anel aromático oxidado a radical catião

Manganês peroxidase, MnP	H_2O_2 , Mn, ácido orgânico como quelante, tióis, lípidos insaturados	Mn(II) oxidado a Mn(III); Mn(III) quelatado oxida compostos fenólicos a radicais fenoxilo; outras reacções na presença de compostos adicionais
Laccase, Lacc	O_2 ; mediadores, por exemplo, hidroxibenzotriazol ou ABTS	os fenóis são oxidados a radicais fenoxilo; outras reacções na presença de mediadores
Glioxal oxidase, GLOX	glioxal, metilglioxal	glioxal oxidado a ácido glioxílico; H_2O_2 produção
Álcool arílico oxidase, AAO	álcoois aromáticos (álcool anisílico, veratrílico)	álcoois aromáticos oxidados a aldeídos; H_2O_2 produção

Lignina peroxidases (LiPs)

As primeiras enzimas ligninolíticas a serem descobertas foram as Lignina peroxidases (LiPs) (Glenn *et al.*, 1983; Tien e Kirk, 1983). Hammel e Cullen (2008) descobriram pela primeira vez LiPs no meio extracelular de *Phanerochaete chrysosoporium* cultivado sob limitação de azoto. Os fungos de podridão branca frequentemente estudados, como *P.chrysosoporium* e *Trametes versicolor,* produzem LiPs (Kirk e Farrell, 1987; Orth *et al.*, 1993; Kaal *et al.,* 1993), enquanto outros fungos, como *Ceriporiopsis subvermispora, Dichomitus squalens* e *Pleurotus ostreatus,* não possuem essas LiPs (Kerem *et al.,* 1992; Perie e Gold, 1991; Orth *et al.,* 1993; Rüttimann Johnson *et al.,* 1993). As LiP contêm um grupo heme férrico na sua estrutura e funcionam através do ciclo catalítico clássico da peroxidase (Kirk e Farrell, 1987; Gold *et al.,* 1989). Como estas LiPs são oxidantes mais potentes do que as peroxidases típicas, podem oxidar não só os substratos habituais da peroxidase, mas também uma variedade de estruturas de lenhina não fenólicas e outras moléculas que se assemelham à unidade estrutural básica da lenhina (Kersten *et al.,* 1990). O álcool veratrílico (álcool 3,4-dimetoxibenzílico) tem sido amplamente utilizado por enzimologistas para detetar LiP em culturas de fungos e a sua oxidação dependente de $H O_{22}$ em veratraldeído serve de base para o procedimento de ensaio padrão (Kirk *et al.,* 1990).

As LiP são glicoproteínas monoméricas que se assemelham às peroxidases clássicas e contêm um ião Fe^{3+} , penta coordenado aos quatro nitrogénios do tetrapirrolo do heme e a um resíduo de histidina, no estado de repouso (Hammel e Cullen, 2008). No LiP Fe^{3+} é primeiro oxidado a Fe^{4+} por $H O_{22}$ produzindo LiP - I, que é um intermediário oxidado com dois electrões e um radical livre que reside no anel tetrapirrólico (ou num aminoácido próximo). O LiP -I é então reduzido por um substrato a LiP - II e a um catião radicalar. No LiP - II, o ferro ainda está presente como Fe^{4+} , mas nenhum radical está presente no tetrapirrol. O LiP - II é então reduzido de volta ao estado de repouso, dando origem a outro catião radicalar, quer pelo mesmo substrato quer por uma segunda molécula. O LiP ataca as unidades não fenólicas da lenhina, removendo um eletrão e criando radicais catiões. O LiP ataca a molécula de lenhina preferencialmente na ligação $C\alpha$ - $C\beta$ (Hatakka, 2001; Wong, 2009).

Mecanismo catalítico do LiP (Wong, 2009):

$$LiP[Fe(3^+) + H_2O_2 \rightarrow LiP\text{-}I\,[Fe(4^+) = O^+] + H_2O$$
$$LiP\text{-}I + AH \rightarrow LiP\text{-}II[Fe(4^+)] + A^+$$
$$LiP\text{-}II + AH \rightarrow LiP + A^+$$

Estudos estruturais sobre LiPs revelaram que a LiP é demasiado grande para entrar nos poros da madeira sã (Srebotnik *et al.,* 1988). Harvey et al (1986) propuseram que a LiP poderia estar a contornar este problema de permeabilidade através da oxidação de substratos de baixo peso molecular que poderiam servir como oxidantes a uma distância da enzima, penetrando na matriz lignocelulósica. Apesar de todas estas dificuldades, o LiP continua a ser o único oxidante fúngico capaz de imitar eficazmente, *in vitro*, a clivagem C -$C_{\alpha\beta}$ caraterística da lenhinólise pelos fungos da podridão branca e capaz de atacar as subestruturas não fenólicas da lenhina. Por todas estas razões, o LiP deve ser considerado como um importante agente lenhinolítico, mas pode atuar em concordância com outros oxidantes mais pequenos que podem penetrar na parede celular da madeira (Hammel, 1997).

Peroxidases de manganês

Vários estudos sobre enzimas ligninolíticas fúngicas mostraram que, em comparação com as LiPs, as MnPs estão mais difundidas (Orth *et al.*, 1993; Hatakka, 1994; Vares e Hatakka, 1997). As peroxidases de manganês (MnPs) foram encontradas em muitas espécies de fungos que degradam a madeira. A MnP foi registada pela primeira vez no fungo *P. chrysosporium*, amplamente estudado (Tien e Kirk, 1983; Glenn e Gold, 1985; Paszczynski *et al.*, 1985). Várias espécies de fungos pertencentes às famílias de *Trametes, Coriolaceae, Polyporaceae, Meruliaceae e Pleurotus ostreatus* também foram relatadas como produtoras de MnPs (Hofrichter, 2002; Hatakka e Hammel, 2011; Elisashvili e Kachlishvili, 2009). As MnPs são glicoproteínas que contêm heme e requerem $H O_{22}$ como oxidante. O ião manganoso (Mn^{2+}) serve como substrato primário no ciclo catalítico das MnPs (Gold & Alic, 1993).

Mecanismo de reação do MnP (Wong, 2009):

$$MnP + H_2O_2 \rightarrow MnP\text{-}I + H_2O$$
$$MnP\text{-}I + Mn^{2+} \rightarrow MnP\text{-}II + Mn^{3+}$$
$$MnP\text{-}II + Mn^{2+} \rightarrow MnP + Mn^{3+} + H_2O$$

Em seguida, o Mn^{3+} medeia a oxidação de moléculas orgânicas

$$Mn^{3+} + RH \rightarrow Mn^{2+} + R + H^+$$

A adição de $H O_{22}$ à enzima MnP leva à formação de um composto intermédio MnP-I. Em seguida, inicia-se o ciclo catalítico e a oxidação do Mn^{2+} a Mn^{3+} ocorre pelos intermediários MnP-I e MnP - II. Este Mn^{3+} não é estável e pode sofrer desproporção (Glenn *et al.*, 1986; Hatakka e Hammel, 2011). Se estiverem disponíveis vários estabilizadores, como quelantes bidentados, estes iões Mn^{3+} são libertados do local ativo e difundem-se na parede celular lenhificada, atacando-a a partir do interior (Hammel e Cullen,

2008). Durante estas reacções, o Mn^{3+} ganha o poder oxidante do MnP e oxida os anéis fenólicos em radicais fenoxilo que, por fim, levam à decomposição dos compostos (Gold *et al.*, 1989). Assim, as MnPs medeiam os passos iniciais na degradação da lenhina de elevado peso molecular (Perez e Jeffries, 1992).

Devido ao seu papel essencial na despolimerização da lenhina (Wariishi *et al.*, 1991), na desmetilação da lenhina e no branqueamento da pasta de papel (Paice *et al.*, 1993), o papel caraterístico das MnPs tem sido amplamente estudado durante os últimos anos. Naturalmente, as MnP não podem oxidar diretamente estruturas não fenólicas relacionadas com a lenhina porque não possuem o resíduo invariante de triptofano necessário para a transferência de electrões de longo alcance para substratos aromáticos (Hammel e Cullen, 2008). Ainda assim, alguns relatórios (Hofrichter, 2002) afirmam que as MnPs podem oxidar compostos não fenólicos em determinadas condições. Existem também relatórios sobre a mineralização de lenhina e de compostos modelo de lenhina por MnP na presença de ácidos orgânicos adequados (Hofrichter *et al.*, 1999).

Lacases e sua ocorrência

As laccases (EC 1.10.3.2: benzenediol:oxigénio oxidoreductase), pertencentes ao grupo das oxidorredutases, são glicoproteínas com múltiplos átomos de cobre. Por vezes, são também designadas por polifenol oxidases. É uma enzima bem estudada entre as oxidorredutases pela sua ação específica sobre a lenhina e os seus compostos como fenóis, fenóis metoxi-substituídos, polifenóis, anilinas, hidroxiindóis, arildiaminas e benzenoióis (Van de Pas *et al.*, 2011; Kunamneni *et al.*, 2007). As lacases estão amplamente difundidas na natureza e são encontradas em muitas plantas, bactérias e fungos (Claus, 2003). Nas plantas, estão distribuídas entre angiospérmicas e gimnospérmicas. A lacase foi descoberta pela primeira vez por Yoshida (1883) no látex da árvore de laca japonesa, *Rhus vernicifera* (Giardina *et al.*, 2010). Nas plantas superiores, a lacase desempenha um papel importante na biopolimerização e na síntese de lenhina (Raiskila, 2008).

Nos fungos, estão presentes em muitos ascomicetes, deuteromicetes e basidiomicetes (Messerschmidt e Huber, 1990). No entanto, os basidiomicetos de podridão branca são considerados a fonte mais rica de lacases em condições de crescimento natural. As laccases desempenham um papel importante na biodegradação da lenhina em fungos que apodrecem a madeira (Kunamneni *et al.*, 2008). Para além disso, as laccases têm também outras funções nos fungos basidiomicetos, como a possibilidade de estarem envolvidas na reticulação das paredes das hifas para formar uma estrutura compacta do corpo de frutificação (Leatham e Stahmann, 1981; Thurston, 1994; Xing *et al.*, 2006). Em *Cryptococcus neoformans*, um basidiomiceto patogénico para o homem, a lacase parece ter um papel na pigmentação (Jacobson e Emery, 1991; Frases *et al.*, 2007). Existem também alguns relatórios sobre a secreção de lacase por alguns fungos ectomicorrízicos e decompositores de folhada (Morozova *et al.*, 2007; Messerschmidt e Huber, 1990). Gregorio et al., em 2006, propuseram o papel da lacase no mecanismo de defesa, explicando a razão por detrás de títulos mais elevados de lacase em colónias de fungos em interação como uma resposta aos fenólicos produzidos na natureza para derrotar organismos estranhos. Quase todos os fungos da podridão branca, exceto *Phanerochaete chrysosporium*, são conhecidos por produzir lacase (Kersten e Cullen 2007). (Embora existam poucos relatórios sobre a lacase produzida por *P. chrysosporium* (por exemplo, Srinivasan *et al.*, 1995), o que é possível devido à variação). Evidentemente, a maioria das estirpes de *P. chrysosporium* não possui o gene da lacase. *Pleurotus ostreatus, Coriolus sanguineus, Trametes villosa, Coriolopsis polyzona, Trametes hirsuta, Trametes vercicolour, Phlebia radiata, Podospora anserine, Lentinus tigrinus, Pleurotus eryngii, Fomes durrismus, Pleurotus sajor caju, Trametes trogii*, etc. são alguns exemplos de produtores de lacase. Alguns fungos da podridão branca têm vários genes para a lacase e segregam várias isoformas da mesma enzima, o número depende da espécie (Hatakka, 2001; Palmieri *et al.*, 2000).

As lacases também são relatadas em bactérias, detectadas pela primeira vez em *Azospirrullum lipoferum* (Givaudon *et al.*, 1993) e também encontradas em *Streptomyces* (Arias *et al.*, 2003; Suzuki *et al.*, 2003), *Anabaena azollae* e *Actinobacteria* (Malliga *et al.*,1996; Fernandes *et al.*, 2014). As proteínas semelhantes às lacases bacterianas são, na sua maioria, de natureza intracelular ou periplasmática (Claus, 2003). Estas lacases bacterianas podem estar envolvidas na pigmentação, na resistência ao Cu^{2+}, na oxidação do Mn^{2+}, na esporulação e outras (Sharma *et al.*, 2007). Em comparação com as lacases fúngicas, as lacases bacterianas são mais termoestáveis. São também estáveis a pH elevado e a concentrações elevadas de iões cloreto e cobre (Held *et al.*, 2005). Para além dos fungos, das plantas e das bactérias, as lacases também foram registadas no veneno de vespas (Parkinson *et al.*, 2001), bem como em insectos (Thomas *et al.*, 1989). Nos insectos, as laccases desempenham um papel no bronzeamento e na esclerotização da cutícula (Kim *et al.*, 2001). As lacases contêm múltiplos átomos de cobre que catalisam a oxidação de um único eletrão de compostos fenólicos com uma redução concomitante de oxigénio para água (Fig.2.4) (Tian *et al.*, 2012; Zhou *et al.*, 2009; Witayakran e Ragauskas, 2009). O oxigénio molecular serve como acetor terminal de electrões na reação catalítica da lacase (Thurston, 1994). As taxas de oxidação catalisadas pela lacase variam com as propriedades físicas e químicas do substrato.

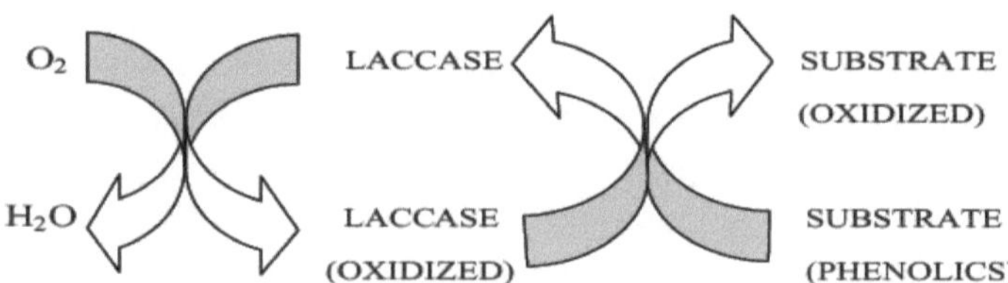

Representação esquemática do mecanismo catalítico da lacase (Banci *et al.*, 1999; Chaurasia *et al.*, 2013d, 2015d)

Estrutura molecular

As lacases são glicoproteínas extracelulares com um teor de hidratos de carbono de 8% a 50% (Gochev e Krastanov, 2007). De acordo com Kunamneni et al (2007), o sítio ativo da lacase apresenta algumas semelhanças com os sítios activos da ceruloplasmina, da ascorbato oxidase e da bilirrubina oxidase (Bertrand *et al.*, 2002).

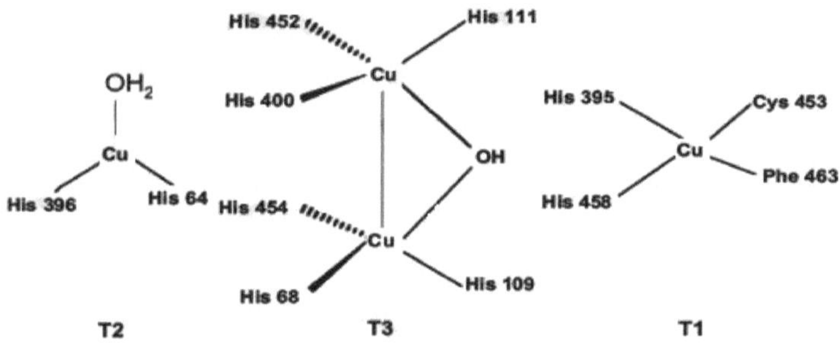

A estrutura cristalina completa da lacase de *Cerrena maxima* e *Trametes versicolor* (Bertrand *et al.*, 2002; Piontek *et al.*, 2002) revelou a presença de três domínios semelhantes à cupredoxina no seu sítio ativo. A lacase contém quatro átomos de cobre dispostos em três conjuntos e a função da lacase depende destes átomos de Cu (Enguita *et al.*, 2003). Estes quatro átomos de Cu apresentam três sítios redox, nomeadamente T1, T2 e T3 (Fig. 2.5), que podem ser distinguidos com a ajuda de técnicas espectroscópicas de ressonância paramagnética eletrónica (EPR), uma vez que apresentam sinais diferentes de ressonância paramagnética eletrónica (EPR) (Solomon *et al.*, 1992; Bento *et al.*, 2006).

Três tipos diferentes de centros de Cu na lacase (Chaurasia *et al.*, 2015d)

Estes locais redox desempenham um papel crucial no mecanismo de reação (Claus, 2004). Os sítios T1 e T2 são mononucleares, enquanto o sítio T3 é binuclear e contém dois átomos de Cu. Estes sítios T2 e T3 estão dispostos em conjunto num aglomerado de cobre trinuclear (Fig.2.6). No sítio T1, o Cu está na forma oxidada (estado de oxidação +2) que é detetável por EPR e emite uma cor azul a 610 nm (Bertrand *et al.*, 2002; Enguita *et al.*, 2003). As enzimas laccase sem o átomo de Cu no sítio T1 são conhecidas como laccases "amarelas" ou "brancas". Nas lacases brancas, o átomo de Cu pode ser substituído por átomos de Mn, Zn ou Fe (Min *et al.*, 2001; Palmieri *et al.*, 1997).As lacases T2 e T3 estão estreitamente relacionadas em termos de estrutura. O T2 é ativo no EPR mas não tem cor. O sinal EPR do Cu T3 não é detetável devido ao acoplamento antiferromagnético mediado por um ligando em ponte (Enguita *et al.*, 2003), embora mostre uma fraca absorvência perto da região UV de 330 nm. O local T1 Cu é conhecido como local de cobre azul e regula a migração de electrões entre o substrato e a enzima, dependendo do potencial redox deste local (Solomon *et al.*, 1996).

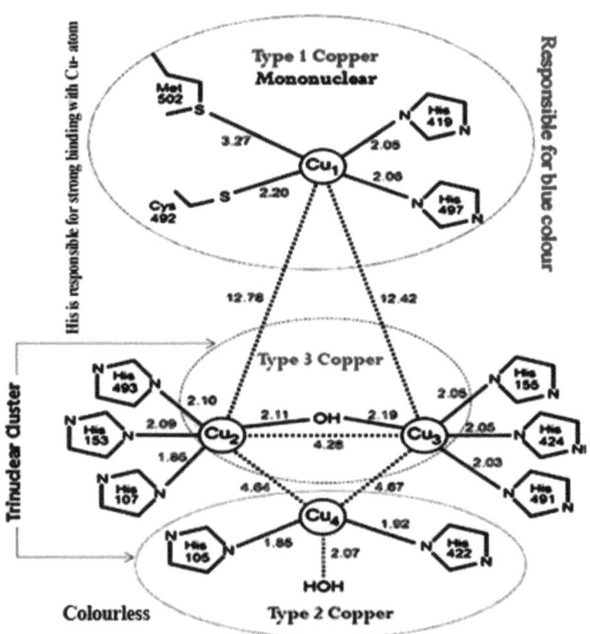

Sítio ativo da lacase com a orientação relativa dos átomos de cobre, incluindo as distâncias interatómicas entre todos os ligandos relevantes (Chandra e Chowdhary, 2015)

O potencial redox no local T1 determina a eficiência da enzima para atuar sobre um substrato. De acordo com os potenciais redox no sítio T1, as lacases são classificadas em dois grupos principais: lacases de potencial redox "baixo-médio" e "alto". No entanto, a lacase apresenta um potencial redox (RP) muito baixo, que varia entre 0,4 mV nas lacases bacterianas e vegetais e 0,8 mV nalgumas lacases fúngicas (Xu, 1996b). As lacases fúngicas, especificamente de basidiomicetas da podridão branca, apresentam o potencial redox mais elevado de todas as fontes de lacases (Gochev e Krastanov, 2007).

Mecanismo de reação

Nas lacases, a migração de electrões tem lugar a partir do sítio T1. O átomo de Cu no sítio T1 retira um eletrão de cada vez do substrato redutor e transfere-o para o aglomerado T2/ T3 através de uma via cisteína-histidina altamente conservada (Fig. 2.7). No interior deste aglomerado trinuclear, o dioxigénio é reduzido a água (Solomon *et al.*, 1996, Ducros *et al.*, 1998, Messerschmidt, 1998, Hakulinen *et al.*, 2002, Piontek *et al.*, 2002) e não são gerados subprodutos tóxicos durante esta reação. Esta redução de quatro electrões de O_2 a H_2O apresenta semelhanças com o mecanismo de reação da catecol oxidase e da tirosinase, tornando difícil atribuir descrições únicas a três enzimas.

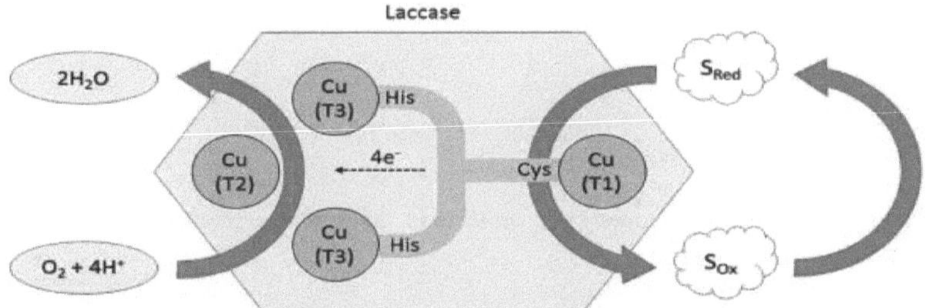

Mecanismo de reação da lacase (Rodríguez-Delgado *et al.*, 2015)

Durante a formação de duas moléculas de água, a molécula O_2 sofre uma ativação assimétrica ligando-se ao T2 e a qualquer um dos átomos de cobre do T3, o que leva à formação de quatro ligações O-H. Esta bolsa de ligação ao oxigénio é altamente específica para o substrato oxidante (oxigénio molecular), pelo que restringe o acesso de outros agentes oxidantes (Gianfreda *et al.*, 1999).

As lacases podem atacar diretamente substratos orgânicos naturais, como os compostos fenólicos, produzindo assim radicais fenoxi. Estes radicais fenoxídicos iniciam então uma reação de acoplamento ou substituição radicalar com outras moléculas (Solomon *et al.*, 1996). Durante muito tempo, a lacase não foi considerada uma enzima lenhinolítica. Este facto deveu-se principalmente a duas razões: 1) a lacase só podia oxidar estruturas fenólicas de lenhina com um potencial redox inferior ao da lacase e 2) o *P. chrysosporium*, que se dizia não possuir a enzima lacase, podia deslenhificar eficazmente a madeira. Mais tarde, em 1990, a investigação de Bourbonnais e Paice revelou o papel da lacase na deslenhificação, propondo que o potencial redox da lacase pode ser modulado pela adição de um substrato artificial de lacase (ABTS) (Fig.2.8), permitindo uma oxidação catalisada pela lacase de compostos de lenhina não fenólicos (Eggert *et al.*, 1997). Além disso, Eggert et al. (1996) explicaram o papel de uma molécula natural, o 3-HAA (3-hidroxiantranilato), um metabolito *de Pycnoporus cinnabarinus*, como pequena molécula de regulação redox.

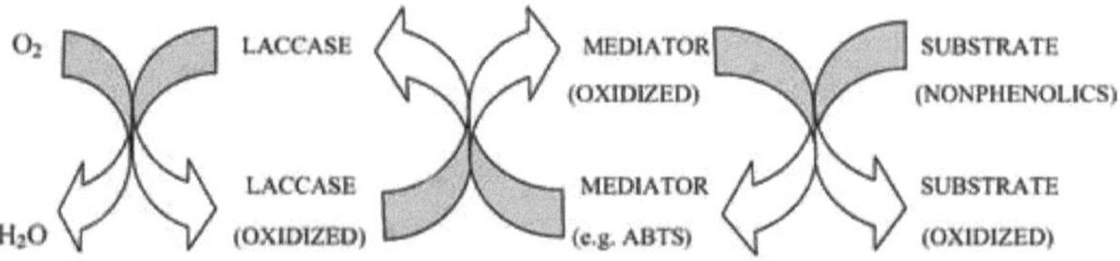

Mecanismo catalítico das lacases com moléculas mediadoras (Banci *et al.*,1999; Chaurasia *et al.*, 2013d, 2015d)

O papel da lacase na degradação da madeira era, portanto, contraditório e era bastante difícil compreender a sua contribuição exacta para a degradação da lenhina na madeira. Atualmente, um grande número de trabalhos de investigação afirma que a lacase é essencial para a degradação da lenhina.

Porquê a lacase?

Os lagos atraem o interesse científico devido a várias razões, tais como

❖ As lacases apresentam uma vasta gama de especificidade de substrato que pode ser ainda mais alargada através da utilização de certos transportadores de electrões difusíveis (ou seja, mediadores redox) de fontes naturais ou sintéticas

❖ Estas excelentes propriedades catalíticas fazem dela uma das enzimas mais "verdes

❖ A maioria das lacases é de natureza extracelular e apresenta um nível considerável de estabilidade no ambiente extracelular, o que torna os procedimentos de purificação muito fáceis

❖ Além disso, a lacase pode catalisar um vasto espetro de reacções: clivagem de anéis, ligação cruzada de monómeros, degradação de polímeros e oxifuncionalização de compostos aromáticos (Kunamneni *et al.*, 2008; Giardina *et al.*, 2010; Call e Mucke, 1997)

❖ Vários estudos de investigação revelaram que a lacase na presença (Palonen e Viikari, 2004; Gutierrez *et al.*, 2012) e na ausência (Jurado *et al.*, 2009; Moilanen *et al.*, 2011) do mediador (NHA, HBT) é capaz de desintoxicar os materiais lignocelulósicos pré-tratados de forma muito eficiente até 75%

❖ Ao contrário da lenhina peroxidase e da manganês peroxidase (dependentes de um fornecimento contínuo de H O$_{22}$), a lacase catalisa reacções oxidativas da lenhina com o oxigénio como acetor de electrões (Guillen *et al.*, 2005)

❖ As combinações de lacase com outras enzimas lenhinolíticas (LiP e/ou MnP) em fungos de podridão branca são mais eficazes na deslenhificação do que o padrão LiP/MnP encontrado em *Phanerochaete chrysosporium*, considerado um organismo modelo eficiente para a degradação da lenhina (Peláez *et al.*, 1995; Tuor *et al.*, 1995; Eggert *et al.*, 1997)

❖ Após a experiência de eliminação do gene da lacase num degradador de lenhina eficiente, *Pycnoporus cinnabarinus*, que exprime apenas lacase e não LiP e/ou MnP, o fungo não foi capaz de metabolizar o DHP (polímero desidrogenativo) marcado com o anel[14] C. No entanto, a adição de uma lacase purificada ao mutante sem lacase de *P. cinnabarinus* restaura a sua capacidade de degradação da lenhina (Eggert *et al.*, 1997; Bermek *et al.*, 1998)

- ❖ Os relatórios sobre a existência de 14 genes de lacase diferentes e 8 genes pertencentes a LiP, MnP ou peroxidase versátil (VP) em *G. lucidum* (Chen *et al.*, 2012) podem indicar o papel superior da lacase na deslenhificação.
- ❖ A lacase é objeto de grande atenção devido à sua vasta aplicabilidade na indústria alimentar, na indústria do papel, na indústria têxtil, em aplicações de cuidados pessoais e médicos e em aplicações analíticas e de biossensores (Madhavi e Lele, 2009).

Produção de lacase

O aumento da procura de lacase para várias aplicações biotecnológicas fez aumentar a necessidade de produção em grande escala da enzima lacase. Uma vasta gama de fungos, incluindo ascomicetes e basidiomicetes, foi identificada e utilizada para a produção de lacase. Alguns basidiomicetos, como *Agaricus*, *Trametes*, *Lentinula*, *Pycnoporus*, *Phanerochaete* e *Pleurotus*, foram amplamente estudados para a produção de lacase em grande escala. Na produção fermentativa, as lacases são segregadas extracelularmente no meio de cultura durante o metabolismo secundário. Sabe-se que vários factores, incluindo o tipo de sistema de produção, a fonte de carbono, a fonte de azoto, o pH, a temperatura, vários indutores e detergentes, afectam a produção global de lacases (Lopez-Perez *et al.*, 2010; Diaz *et al.*, 2010; 2011; Neifar *et al.*, 2011; Poojary e Mugeraya, 2012). Estes factores não só afectam a produtividade global, como também afectam as quantidades relativas e os tipos de várias isoformas de lacase. Foram utilizados vários substratos lignocelulósicos para a produção de lacase por fermentação submersa e em estado sólido. Em alguns organismos, as lacases foram produzidas constitutivamente em pequenas quantidades, enquanto que, em alguns casos, a produção de lacases pode ser induzida por determinadas moléculas indutoras, tais como compostos aromáticos ou fenólicos, iões metálicos, detergentes e álcool (Leonowicz *et al.*, 2001).

Influência do pH e da temperatura

A manutenção de um pH estável no meio de cultura é comprovadamente um dos factores mais importantes para a produção eficiente de lacase. A maioria dos estudos relatou um pH ótimo no intervalo de 3,0- 6,0 para a produção máxima de lacase (Shekher *et al.*, 2011). Devido ao seu impacto no crescimento fúngico e na produção de enzimas, a temperatura é considerada um fator inevitável em todos os processos de fermentação (Niladevi *et al.*, 2007). A temperatura óptima para a produção máxima de lacase varia em função do tipo de organismo utilizado. Mas, em geral, apresenta temperaturas óptimas entre 25°C - 30°C, existindo também alguns casos excepcionais de produção máxima de lacase a temperaturas mais elevadas (Dhakar e Pandey, 2013).

Influência da fonte de carbono e azoto

O passo crucial na conceção de um processo de fermentação é a seleção adequada da fonte de carbono e de azoto (Osma *et al.*, 2007). Verificou-se também que a natureza e a concentração destas fontes influenciam grandemente a produção de enzimas lenhinolíticas (Jang *et al.*, 2002; Kahraman e Gurdal, 2002). No caso da fonte de carbono, verificou-se que as fontes de carbono naturais são melhores do que as fontes de carbono puras (Stajic *et al.*, 2006), enquanto no caso das fontes de azoto, os sais de amónio são melhores do que os nitratos (Mishra e Bisaria, 2006).

Indução da lacase

Normalmente, todos os fungos lenhinolíticos produzem pequenas quantidades de lacase, mas esta pode ser aumentada por indução (Vasconcelos *et al.*, 2000). A sequência promotora do gene da lacase contém vários sítios de elementos de resposta que podem ser induzidos por moléculas indutoras específicas. Yaver et al (1996), Soden e Dobson (2001) referiram a indução da lacase por compostos aromáticos como o ácido ferúlico, que está estruturalmente relacionado com os precursores da lenhina. Várias outras moléculas como o pirogalol, a p-anisidina e o 2,6- dimetoxi-fenol (DMP) foram também identificadas como potentes indutores de lacase por vários investigadores (Myasoedova *et al.*, 2008; Niladevi e Prema, 2008). Palmieri et al (2000) registaram uma forte transcrição do gene da lacase de cobre. Soden e Dobson (2001) concluíram que a indução de cobre é um mecanismo de defesa contra o stress oxidativo causado por iões de cobre livres. Em vez do cobre, vários outros metais, como o Zn, o Pb e o Cd, foram também identificados como indutores da lacase. Alguns destes indutores afectam o metabolismo ou a taxa de crescimento dos fungos, enquanto outros induzem indiretamente a produção de lacase (Chhaya e Gupte, 2010).

Influência dos tensioactivos

Diversos estudos sugerem a adição de tensioactivos ao meio de cultura para melhorar a permeabilidade da membrana, o que, por sua vez, facilita o aumento da secreção enzimática (Nemec e Jernejc, 2002). O Tween 80 revelou-se um bom fator de aumento da produção de lacase por *Pycnoporus sanguineus* (Pointing *et al.*, 2000) e *Trametes trogii* (Levin e Forchiassin, 2001).

Tipo de cultura

Foram utilizados métodos de fermentação submersos e em estado sólido para a produção de lacase.

Fermentação submersa (SmF)

Neste método, os microrganismos foram cultivados num meio líquido, contendo nutrientes solúveis, em condições aeróbicas. A fermentação submersa de fungos é um desafio por várias razões. O aumento da viscosidade do caldo, o bloqueio da transferência de oxigénio e de massa e os efeitos sobre a ação de impulsão devido ao crescimento dos micélios fúngicos são algumas delas. Sedarati et al (2003) sugeriram a aplicação da técnica de imobilização para ultrapassar estes problemas. A Tabela 2.5 enumera alguns dos relatórios sobre a produção de lacase fúngica em condições de fermentação submersa.

Fermentação em estado sólido (SSF)

Na fermentação em estado sólido, o crescimento fúngico ocorre em material de suporte sólido na ausência ou quase ausência de água livre. A SSF é mais aceitável para a produção de enzimas porque aqui os organismos são cultivados em condições que imitam o seu habitat natural. Recentemente, verifica-se uma tendência crescente para a SSF, utilizando vários resíduos agrícolas como substrato. É muito difícil comparar estas duas técnicas de fermentação, porque cada uma tem as suas caraterísticas próprias. A maior aceitabilidade da SSF em relação à SmF para a produção de lacase fúngica pode dever-se às suas produtividades volumétricas mais elevadas, ao tempo de fermentação reduzido, ao facto de ser menos propensa a problemas de inibição do substrato, à minimização da degradação proteolítica da enzimaalvo e à produção de enzimas com uma maior estabilidade à temperatura ou ao pH (Toca-Herrera *et al.*, 2007). A Tabela 2.6 lista a produção de lacase sob SSF usando vários substratos (Pannu e Kapoor, 2015).

Produção de lacase em condições de fermentação submersa (SmF) utilizando diferentes substratos

Organismo	Substrato	Referência
Lentinus edodes	Cevada maltada (processo de fabrico de cerveja)	Hatvani & Mécs, 2001
Trametes versicolor(CBS100.29)	Grainhas de uva, engaços de uva e farelo de cevada	Lorenzo *et al.*, 2002
Ganoderma adspersum	Sêmea de milho, sêmea de soja, penas de galinha, sêmea de trigo, kiwi	Songulashvili *et al.*, 2006
Phellinus robustus	Frutos, cascas de banana, cascas de tangerina, resíduos da produção de etanol e caules de algodão	Songulashvili *et al.*, 2006
Pleurotus eryngii	Cascas de tangerina secas e moídas	Stajic *et al.*, 2006
Neurospora crassa	Membrana capilar, suportes	Couto & Herrera, 2007
Pleurotus ostreatus	Imobilizado em espuma de poliuretano	Couto & Herrera, 2007
Pycnoporus cinnabarinus	Cubos de esponja	Couto & Herrera, 2007
Trametes hirsuta	Contas de alginato	Couto & Herrera, 2007
Trametes trogii ATCC 200800	Casca de alperce pulverizada e junco	Birhanli & Yeşilada, 2013

Trametes versicolor ATCC 200801		
Trametes hirsuta	Sêmea de trigo	Bakkiyaraj *et al.*, 2013
Trametes pubescens	Casca de café	Gonzales *et al.*, 2013
Coriolus versicolor MTCC138	Palha de arroz	Phutela *et al.*, 2014
Galerina sp.	Cascas de laranja, bagaço	Mendoza *et al.*, 2014
Cerrena unicolor	Sêmea de trigo	Songulashvili *et al.*, 2015
Coriolopsis gallica 1184	Glicose	Songulashvili *et al.*, 2016

Produção de lacase em condições de fermentação em estado sólido (SSF) utilizando diferentes substratos

Organismo	Substrato	Referência
Trametes versicolor	Sêmea de cevada	Couto *et al.*, 2003
Trametes versicolor	Esponja de nylon	Couto *et al.*, 2003
Trametes hirsuta	Kiwis	Rosales *et al.*, 2005
Pycnoporus cinnabarinus	Bagaço de cana-de-açúcar	Meza *et al.*, 2006
Trametes pubescens	Pele de banana	Osma *et al.*, 2007
Galerina sp	Cascas de laranja	Mendoza *et al.*, 2014
Phlebia floridensis	Palha de trigo	Sharma & Arora, 2010
Lentinula edodes	Erva de caniço, talos de feijão e palha de trigo	Philippoussis *et al.*, 2011
Pleurotus ostreatus	Bagaço de cana-de-açúcar	Karp *et al.*, 2012

Trametes versicolor	Espigas de milho	Asgher *et al.*, 2012
Trametes versicolor	Folhas de oliveira	Aydınoğlu & Sargın, 2013
Trametes polyzona WR710-1	Casca de laranja	Chairin *et al.*, 2014
Pleurotus ostreatus	Bagaço de cana-de-açúcar	Karp *et al.*, 2015
Ganoderma sp. rckk-02	Sêmea de trigo	Sharma *et al.*, 2015
Phanerochaete chrysosporium (MTCC 787)	Palha de trigo, palha de arroz, palha de sorgo, espigas de milho	Govumoni *et al.*, 2015
Coriolopsis gallica	Resíduos de pó de serra	Daassi *et al.*, 2016

Purificação da lacase

Geralmente, a lacase é purificada através da combinação de vários processos, incluindo precipitação, ultrafiltração e técnicas cromatográficas. Muitos investigadores trabalharam na purificação e caraterização de lacases extracelulares, resumidas, utilizando diferentes metodologias.

Lista de protocolos de purificação da enzima lacase de diferentes organismos

Organismo	Etapas de purificação	Referência
Pleurotus sajor-caju	Precipitação com sulfato de amónio, DEAE-celulose e Sephadex G-100	Murugesan *et al.*, 2006
Pycnoporus sanguineus	Ultrafiltração, permuta aniónica, filtração em gel	Lu *et al.*, 2007

Trichoderma harzianum WL1	Ultrafiltração, cromatografia em coluna Sephadex G-100 e cromatografia de afinidade com Concanavalina-A	Sadhasivam *et al.,* 2008
Pleurotus sp	Troca iónica e filtração em gel	More *et al.,* 2011
Trametes sp. HS-03	DEAE- sepharose, Sephadex G-100 Guo *et al.,* 2012	Guo *et al.,* 2012
Pleurotus florida	Precipitação com sulfato de amónio, DEAE-sephacel, sephadex G-50	Sathishkumar & Palvannan, 2013
Pycnoporus sanguineus	Ultrafiltração, permuta iónica e cromatografia de interação hidrofóbica	Ramírez-Cavazos *et al.,* 2014
Xylaria sp.	Diafiltração e permuta aniónica e cromatografia de exclusão de tamanho	Castano *et al.,* 2015

Laccase- Propriedades bioquímicas

Até à data, mais de uma centena de lacases fúngicas foram purificadas e caracterizadas em termos das suas propriedades bioquímicas e catalíticas. Embora a maioria das lacases fúngicas purificadas seja de natureza extracelular, também foram registadas lacases intracelulares de fungos que apodrecem a madeira. Por exemplo, *Trametes versicolor, Agaricus bisporus, Suillus granulates, Neurospora crassa, Rigidoporus lignosus e Pleurotus ostreatus* produzem lacases extracelulares e intracelulares (Blaich e Esser, 1975; Schlosser *et al.,* 1997; Wood, 1980; Gunther *et al.,* 1998; Froehner e Eriksson, 1974; Nicole *et al.,* 1992, 1993; Palmieri *et al.,* 2000). Em todos estes relatórios, a fração enzimática extracelular contribuiu com a maior parte da atividade da lacase. Em alguns fungos, as lacases associadas à parede celular e aos esporos estariam envolvidas na síntese de melanina e de outros compostos protectores da parede celular (Eggert *et al.,* 1995; Galhaup & Haltrich, 2001).

Dependendo da fonte, a massa molecular da lacase varia de 50 a 100 kDa (Widsten e Kandelbauer, 2008; Giardina *et al.*, 2010). A maioria das lacases de fungos de podridão branca apresenta um pI na gama de 3-6 (Hatakka 2001). Sabe-se que várias espécies de fungos produzem uma grande variedade de isoenzimas. Por exemplo, foram encontradas pelo menos oito isoenzimas de lacase diferentes no fungo de podridão branca *P. ostreatus*, das quais seis isoformas foram isoladas e caracterizadas (Palmieri *et al.*, 1993, 1997,2003; Sannia *et al.*, 1986; Giardina *et al.*, 1999). A presença de múltiplos genes de lacase no genoma é a base molecular subjacente à produção de diferentes isoenzimas (Chen *et al.*, 2003b). Estas isoformas diferem nas suas propriedades bioquímicas.

As lacases fúngicas são glicosiladas e a extensão da glicosilação varia. A glicosilação desempenha um papel importante na proteção da enzima contra a degradação proteolítica (Yoshitake *et al.*, 1993). A lacase mostra especificidade em relação a uma vasta gama de substratos, incluindo ABTS, 2, 6-dimetoxifenol (DMP), siringaldazina e guaiacol. As lacases podem ser agrupadas com base nas preferências catalíticas em relação a fenóis orto, meta ou para-substituídos. As preferências variam na ordem orto > para > meta fenóis substituídos (Blaich e Esser, 1975).

propriedades bioquímicas de lacases purificadas de diferentes fontes (Chaurasia *et al.*, 2015)

Fontes	Mol. Wt (kDa)	*Km* (μM) [ABTS]*	*Km* (μM) [DMP]**	pH ótimo (DMP)	T ótimo (DMP)	Referência
Agaricus blazei	66	63	1026	5.5	20	Baldrian *et al.*, 2006 Morozova *et al.*, 2007

Botrytis cinerea	74	-	100	3.5	60	Baldrian *et al.,* 2006 Morozova *et al.,* 2007
Coprinus cinereus	58	26		4.0	60	Morozova *et al.,* 2007
Loweporous-lividus MTCC-1178	62.8	-	300	5.0	60	Sahay *et al.,* 2009
Pleurotus sajor-caju MTCC-141	90	-	250	4.5	37	Sahay *et al.,* 2008
Fomes durissimus MTCC-1173	75	-	220	4.0	35	Sahay *et al.,* 2012
Phellinus linteus MTCC-1175	70	42	160	5.0	45	Chaurasia *et al.,* 2013a
Coriolopsis floccose MTCC-1177	64	58	112.5	5.0	40	Chaurasia *et al.,* 2013b
Xylaria polymorpha MTCC-1100	63	48	120	4.0	50	Chaurasia *et al.,* 2013c

Trametes trogii	70	-	30	-	-	Baldrian *et al.,* 2006
Armillaria mellea Lac I	59	-	178	3.5	-	Baldrian *et al.,* 2006
Coriolus hirsutus	78	8	-	-	45	Baldrian *et al.,* 2006
Daedalea quercine	69	38	48	4.0	50	Baldrian *et al.,* 2006
Lentinula edodes Lcc1	72	108	557	4.0	40	Baldrian *et al.,* 2006
Pleurotus eryngii I	65	-	1400	-	55	Baldrian *et al.,* 2006
Pleurotus ostreatus POXA1b	62	370	260	4.5	-	Baldrian *et al.,* 2006 Morozova *et al.,* 2007
Pleurotus ostreatus POXA1w	61	90	2100	3.0-5.0	45-65	Baldrian *et al.,* 2006 Morozova *et al.,* 2007
Pleurotus ostreatus POXA2	67	120	740	6.5	25-35	Baldrian *et al.,* 2006

						Morozova et al., 2007
Pleurotus ostreatus POXA3a	83-85	70	14000	5.5	35	Baldrian et al., 2006 Morozova et al., 2007
Pleurotus ostreatus POXA3b	83-85	74	8800	5.5	35	Baldrian et al., 2006 Morozova et al., 2007
Pleurotus ostreatus POXC	59	280	230	3.0-5.0	50-60	Baldrian et al., 2006 Morozova et al., 2007
Pleurotus pulmonarius Lcc2	46	210		-	50	Baldrian et al., 2006
Coltricia perennis	66	-		3.0-4.0	75	Kalyani et al., 2012
Pycnoporus sanguineus SCC 108	58	52		-	55	Wang et al., 2010
Pycnoporus coccineus MUCL38527	61.50	36	270	-	60	Wang et al., 2010

Rigidoporus lignosus	55	80	480	6.2	-	Baldrian *et al.*, 2006
Rigidoporus lignosus S	60	49	108	6.2	-	Baldrian *et al.*, 2006
Thelephora terrestris	66	16	-	-	45	Baldrian *et al.*, 2006
Trametes gallica Lac I	60	12	420	3.0	70	Baldrian *et al.*, 2006
Trametes gallica Lac II	60	9	410	3.0	70	Baldrian *et al.*, 2006
Trametes sp. AH28-2 A	62	25	25	-	50	Baldrian *et al.*, 2006
Volvariella volvacea	58	30	570	4.6	45	Baldrian *et al.*, 2006
Hexagonia tenuis MTCC-1119	100	36	80	3.5	45	Chaurasia *et al.*, 2015a
Trametes hirsuta MTCC-1171	55	225	420	4.5	60	Chaurasia *et al.*, 2014c

***ABTS=2,2'-azino-bis(3-etilbenzotiazolina-6-ácido sulfónico) ;**
****DMP=Dimetoxifenol**

Segundo Hofer & Schlosser (1999), a lacase pode catalisar a oxidação do Mn^{2+} na presença de quelantes como o pirofosfato. Os autores propuseram que a lacase produz oxalato de Mn^{3+} na presença de Mn^{2+} e oxalato, iniciando assim um conjunto de reacções que conduzem à formação de H O_{22} , que pode iniciar ou apoiar reacções de peroxidase, sugerindo a ação conjunta da lacase e da Mn peroxidase (Schlosser & Hofer, 2002).

As lacases fúngicas apresentam geralmente um pH ótimo dentro da gama de pH ácido. A um pH mais elevado, a ligação de um anião hidróxido ao aglomerado T2/T3 diminui a atividade da lacase, interrompendo a transferência interna de electrões dos centros de Cu T1 para T2/T3 (Munoz *et al.*, 1997b). O pH ótimo varia em função do substrato utilizado. O pH ótimo para a oxidação do ABTS é inferior a 4,0, ao passo que os compostos fenólicos como o DMP, o guaiacol e a siringaldazina apresentam valores mais elevados na gama de 4,0-7,0. Para a hidroquinona e o catecol, o pH ótimo é de 3,6-4,0 e 3,5-6,2, respetivamente (Shleev *et al.*, 2004; Kumari & Sirsi, 1972). A enzima é também mais estável em condições ácidas (Bollag & Leonowicz, 1984), embora existam excepções (Mayer, 1986; Baldrian, 2006).

Tal como outras enzimas lenhinolíticas extracelulares, as lacases também apresentam um perfil de temperatura com a atividade mais elevada entre 50- 70°C. Foram também relatados casos excepcionais como a lacase com atividade óptima a 25°C, de *G. lucidum* (Ko *et al.*, 2001). A estabilidade térmica das lacases varia consoante a origem dos organismos. A temperatura óptima para o crescimento de fungos lenhinolíticos não tem qualquer papel significativo no perfil de temperatura da atividade da lacase.

Foi identificada uma vasta gama de compostos como potenciais inibidores da atividade da lacase, incluindo cianeto, azida ou fluoreto de sódio, ditiocarbamato de dietilo, ácido tioglicólico, ditiotreitol e cisteína (Johannes e Majcherczyk, 2000). No ambiente complexo do material lignocelulósico em decomposição, os metais pesados e as substâncias húmicas podem também contribuir para a ação inibidora das lacases (Zavarzina *et al.*, 2004).

A lacase apresenta geralmente uma ampla especificidade de substrato, que pode ser melhorada com a adição de determinados mediadores. Trata-se de compostos de baixo peso molecular que podem ser oxidados pela lacase em radicais estáveis. Em seguida, estes radicais actuam como um "vaivém de electrões" e podem difundir-se para longe do micélio para os locais que são inacessíveis à própria enzima, oxidando assim substratos não fenólicos de forma não enzimática (Camarero *et al.*, 2005). A molécula que pode realizar muitos ciclos sem reacções secundárias e sem se degradar é conhecida como um mediador ideal. Moléculas de ocorrência natural como o fenol, a anilina, o ácido 4-hidroxibenzóico e o álcool 4-hidroxibenzílico podem atuar como mediadores (Johannes e Majcherczyk, 2000). Moléculas de elevado potencial redox, como o ABTS (sal de diamónio do ácido 2, 2'[azino-bis-(3-etilbenztiazolina-6-sulfónico)]) e o HBT (1-hidroxibenzotriazol), podem também atuar como mediadores para melhorar a gama de substratos catalíticos das lacases. A identificação e a utilização destas moléculas mediadoras melhoraram as aplicações sintéticas e industriais das lacases. O ABTS é o mediador mais frequentemente utilizado. A Fig. 2.9 mostra a oxidação do ABTS em catião ABTS e radical dicátion, que desempenha um papel importante na oxidação não enzimática de substratos. O $ABTS^+$ e o $ABTS^{2+}$ apresentaram potenciais redox de 0,680 V e 1,09 V, respetivamente (Scott *et al.*, 1993)

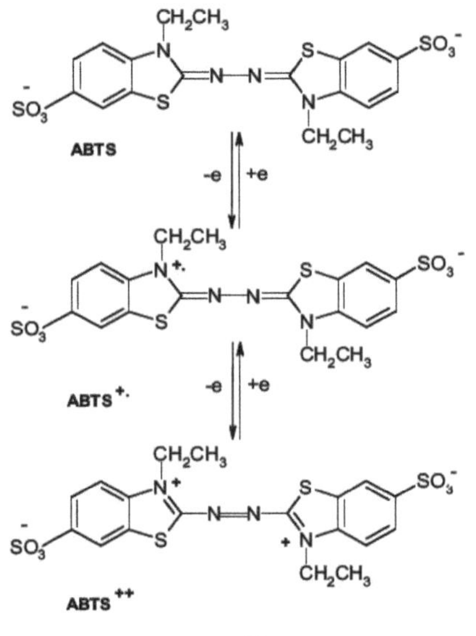

oxidação do ABTS pela lacase (Chaurasia *et al.*, 2015d)

Biologia molecular do gene da lacase

Anteriormente, acreditava-se que as lacases apresentavam diferenças entre si devido a variações pós-tradução. Porém, estudos posteriores efectuados por vários investigadores (Fujihiro *et al.*, 2009; Kilaru *et al.*, 2006; Palmieri *et al.*, 2000) sugeriram a possível existência de mais do que um gene de lacase. Até à data, foram realizados vários estudos sobre este tema. Todos estes estudos indicam uma diversidade moderada de sequências entre as lacases fúngicas. Várias análises genéticas confirmam a presença de diferentes genes para diferentes isoformas no genoma (Castanera *et al.*, 2012). Alguns relatórios também sugerem as frequentes alterações de códons como causa da diversidade de genes de lacases (Bertrand *et al.*, 2014). Castanera et al (2012) identificaram um conjunto de 12 genes de lacases no genoma de *Pleurotos ostreatus*. Destes, seis estão localizados na região subtelomérica do cromossoma n.º 4, agrupados entre si. 4 agrupados, enquanto os outros estão localizados nos cromossomas 4, 6, 7, 8 e 11.

Os genes da lacase podem ser expressos constitutivamente ou podem ser induzidos. Estudos sobre a região promotora do gene da lacase revelaram a presença de diferentes elementos de resposta no seu interior, incluindo elementos de resposta a metais (MRE), elementos de choque térmico (HSE) e sequências de consenso CreA (relacionadas com o metabolismo do carbono) (Piscitelli *et al.*, 2011). Piscitelli et al. (2011) e Collins & Dobson (1997) identificaram a existência de elementos ACE (ativação da proteína cup1) em *G. graminis,* NIT2 em *C. subvermispora* e elementos de resposta a xenobióticos (XRE) responsáveis pela regulação das lacases por azoto, cobre e compostos aromáticos relacionados com a lenhina ou os seus derivados *em P. sajorcaju* e *Trametes* sp. Os genes da lacase são também regulados pelas condições de cultura e pelo stress oxidativo (Missall *et al.*, 2005).

Aplicações das lacases

Tendo em conta a vasta gama de especificidade do substrato e as caraterísticas únicas, as lacases fúngicas têm sido amplamente utilizadas para várias aplicações industriais e biotecnológicas, por exemplo, na indústria têxtil, na indústria da pasta e do papel, na síntese orgânica, na indústria alimentar, nos produtos farmacêuticos, na bioremediação, na nanobiotecnologia e nas aplicações medicinais. As lacases são muito úteis e amplamente aceites devido à sua elevada estabilidade, eficiência catalítica, baixo custo e grande disponibilidade. A Fig. 2.10 mostra a representação esquemática das aplicações biotecnológicas da lacase.

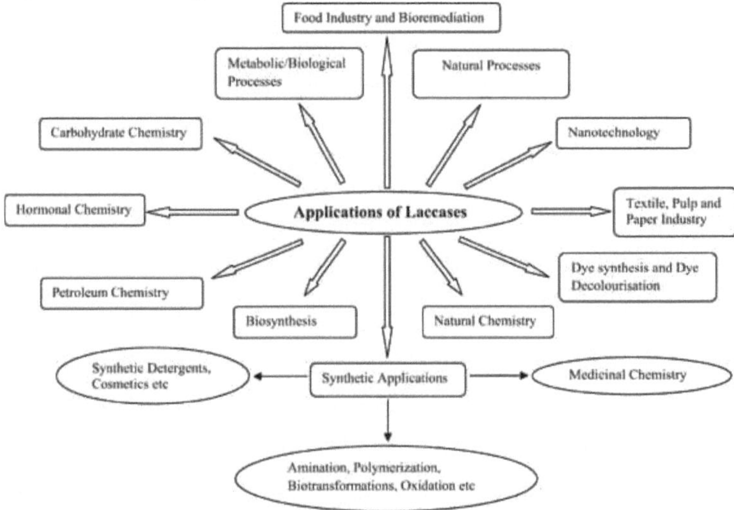

Representação esquemática das aplicações da lacase (Chaurasia *et al.*, 2015d)

Indústria alimentar

Na indústria alimentar, especialmente na produção de vinho, os polifenóis têm efeitos indesejáveis, tais como descoloração, turvação e alterações de sabor. Apesar de estarem disponíveis muitos tratamentos inovadores com a utilização de inibidores enzimáticos, agentes complexantes e compostos de sulfato para a remoção de fenólicos, a utilização de lacases para este fim ganha mais importância devido à facilidade de manuseamento e a uma abordagem totalmente ecológica (Morozova *et al.*, 2007). O tratamento com lacases evita a descoloração e a turvação das bebidas. Uma vez que as barreiras legais existentes impedem a aplicação direta da lacase como aditivo alimentar, Imran et al (2012) propuseram a utilização de lacase imobilizada para este fim como uma perspetiva de ajuda tecnológica. A estabilização de sumos de fruta com a enzima lacase também foi relatada (Minussi *et al.*, 2002; Piacquadio *et al.*, 1998; Alper e Acar, 2004).

Na indústria da cerveja, a lacase é utilizada para a remoção do excesso de polifenóis e de oxigénio, aumentando assim a estabilidade a longo prazo (Mathiasen, 1995). As águas residuais das fábricas de cerveja contêm grandes quantidades de polifenóis. Devido ao seu incrível poder de oxidação fenólica, a lacase também pode ser utilizada eficazmente para a bioremediação de águas residuais semelhantes provenientes de várias indústrias alimentares. Existem relatórios sobre a utilização bem sucedida de lacases de *Trametes* sp. e *Coriolopsis gallica* para o tratamento de efluentes da indústria da cerveja (Yague *et al.*, 2000; Gonzalez *et al.*, 2000).

Na indústria da panificação, a lacase pode ser aplicada para melhorar a massa. A adição de lacase à massa melhorou a resistência das estruturas de glúten em produtos cozinhados (Minussi *et al.*, 2002). No processo de fabrico de pão, as lacases ajudam a melhorar a frescura da textura, o sabor e a maquinabilidade, ligando os aditivos de melhoramento da massa à massa quebrada (Minussi, *et al.*, 2002). A incubação prolongada com lacase ajuda a amaciar a massa, o que pode ser melhorado aumentando a concentração de lacase.

Indústria da pasta e do papel
A indústria da pasta de papel e do papel é um dos maiores contribuintes mundiais de poluentes do ar e da água. Também aqui a lacase desempenha um papel importante na bioremediação. No fabrico de pasta de papel, no processo kraft, a cor castanha escura produzida é removida através de branqueamento químico com cloro. Como resultado destes processos, são

geradas águas residuais de cor escura que contêm complexos organo cloro altamente tóxicos. Alguns dos métodos de tratamento convencionais existentes são ineficazes, enquanto outros são muito dispendiosos. Uma vez que a lacase tem uma forte capacidade para desintoxicar as cloroligninas e os compostos fenólicos, a aplicação de lacase e de fungos produtores de lacase é um método económico para desintoxicar os efluentes.

Na indústria da pasta e do papel, as lacases provaram a sua eficiência na deslenhificação e branqueamento da pasta (Gianfreda *et al.*, 1999) e também na remoção de esteróis (Kramer *et al.*, 2001; Claus, 2003). No fabrico de papel, o principal problema é a remoção da lenhina da celulose. No processo de fermentação da lignocelulose para a produção de bioetanol, o processo de deslignificação sem perturbar a integridade da celulose é uma etapa fundamental. Atualmente, a deslenhificação com a ajuda da enzima lacase substituiu os métodos convencionais poluentes de base química. A lacase obtida a partir de fungos, por exemplo *da* espécie *Trametes*, tem demonstrado um papel importante no processo de branqueamento ou desmetilação da pasta de papel (Xavier *et al.*, 2007). O processo de branqueamento da pasta de papel assistido por lacase é um processo lento quando comparado com o branqueamento químico convencional, mas é um método amigo do ambiente.

Indústria têxtil

Geralmente, os efluentes da indústria têxtil são altamente coloridos devido à presença de corantes que são difíceis de degradar e descolorir por métodos convencionais. A descoloração destes corantes utilizando vários métodos biológicos, especialmente utilizando fungos produtores de lacase, ganhou muito mais importância durante os últimos anos devido à sua estratégia económica e à sua capacidade de atuar numa vasta gama de corantes. Vários investigadores (Radhika *et al.*, 2014; Xu *et al.*, 2015; Gupta *et al.*, 2015) demonstraram a capacidade da lacase de vários fungos de podridão branca na descoloração e degradação bem-sucedidas de diferentes tipos de corantes, incluindo corantes azo.

A enzima lacase tem também aplicação no domínio do acabamento da ganga. No processo de fabrico da ganga, várias etapas envolvem a utilização de produtos químicos para obter o acabamento final da peça de vestuário. Este facto provoca uma grave poluição ambiental. Para ultrapassar este problema, em 1996, a Novozyme (Novo Nordisk, Dinamarca) lançou a primeira lacase industrial e a primeira enzima de branqueamento "DeniLite", que actua com a ajuda de uma molécula mediadora. A investigação subsequente levou à descoberta de muitos microrganismos eficientes e inovadores produtores de lacase, dos quais *o Trametes versicolor* foi considerado o melhor microrganismo para o branqueamento enzimático de tecido de ganga (Sharma *et al.*, 2005).

Os tecidos de algodão são submetidos a uma etapa de branqueamento durante o processo de branqueamento para remover os pigmentos naturais causados pela presença de flavonóides. Normalmente, este processo é efectuado com a utilização de peróxido de hidrogénio a um pH alcalino e a temperaturas elevadas. Este processo normalmente danifica as fibras de algodão. Em (2003), Tzanov *et al.* relataram a utilização de enzimas ligninolíticas em baixas concentrações para o branqueamento de fibras sem danificar o tecido.

Bioremediação

Devido às suas fortes capacidades de oxidação de polifenóis, as lacases podem ser utilizadas em grande escala para a biodegradação de hidrocarbonetos poliaromáticos altamente tóxicos para uma forma muito menos tóxica ou completamente não tóxica. Os fungos ligninolíticos desempenham um papel na degradação do cianeto. Os fungos têm uma via respiratória resistente ao cianeto, o que os torna uma ferramenta biológica para a redução da poluição por cianeto (Ebbs 2004). Cabuk et al (2006) efectuaram um estudo de degradação de cianeto utilizando diferentes fungos lenhinolíticos de podridão branca e identificaram *Tremetes versicolor* como o potente degradador de cianeto.

Sayara et al (2011) relataram o uso da lacase na degradação de uma ampla gama de poluentes resistentes a outros microrganismos, como penta cloro fenóis, corantes, PAHs, PCBs, desreguladores endócrinos e pesticidas. Existem duas estratégias para a aplicação de fungos ligninolíticos na biorremediação, quer pela aplicação direta de culturas fúngicas, quer pela utilização de lacase purificada. Em comparação com as culturas de fungos, a utilização de enzimas permite uma bioremediação mais rápida.

Produção de bioetanol

Os substratos lenhocelulósicos podem ser utilizados como substrato para a produção de bioetanol. Mas precisam de ser pré-tratados para melhorar a fermentabilidade da fração de açúcar. Existem vários relatórios (Chandel *et al.*, 2015; Olsson *et al.*, 1996) sobre o pré-tratamento mediado por laccases e lenhina peroxidases de resíduos lignocelulósicos para a produção de bioetanol. Nestes casos, a lenhina foi removida com sucesso, libertando a celulose para fermentação.

Aplicação sintética

As lacases têm várias aplicações no domínio da síntese de alguns compostos com aplicação médica. Por exemplo, podem ser aplicadas na síntese de determinados antibióticos, fármacos e sedativos. Mikolasch et al (2008) obtiveram uma nova penicilina a partir de espécies de *Trametes* por biotransformação mediada por lacase. A lacase pode ser aplicada para a síntese de fármacos anticancerígenos como a vinblastina e a actinocina (Burton, 2003; Ossiadacz et al 1999). A vinblastina foi produzida pelo acoplamento oxidativo mediado pela lacase da katarantina e da vindolina, enquanto a actinosina foi sintetizada por uma reação catalisada pela lacase a partir do ácido 4-metil-3-hidroxiantranílico. As lacases com um papel potente na inibição da atividade da transcriptase reversa do VIH-I foram isoladas de vários fungos, incluindo *Tricholoma giganteum, P. eryngii, H. erinaceum e C. maxima* (Wang e Ng, 2004; Zhang *et al.*, 2010). Devido a todas estas caraterísticas, as lacases foram consideradas como uma importante enzima medicinal.

As reacções catalisadas pela lacase podem também levar à síntese de muitos fármacos antineoplásicos, incluindo a mitomicina, derivados da herbamicina (Honma *et al.*, 1991), atividade antialérgica ou inibidora da 5-lipooxigenase (Poeckel *et al.*, 2006; Niedermeyer e Lalk, 2007). A oxidação da catequina catalisada pela lacase dá origem a produtos com propriedades anti-oxidantes mais elevadas (Kurisawa *et al.*, 2003; Hosny e Rosazza, 2002). Para além da aplicação sintética no domínio da medicina, as lacases têm aplicações na produção de detergentes, desodorizantes, pastas dentífricas e refrescantes bucais (Markussen e Jensen, 2006).

Em química orgânica sintética, a incapacidade dos reagentes habitualmente utilizados para controlar a reação na fase de aldeído durante a transformação do grupo metilo aromático em grupo aldeído aromático é uma tarefa difícil. Este problema pode ser facilmente resolvido pela aplicação de lacases fúngicas, que podem ser utilizadas para a oxidação selectiva deste grupo aldeído aromático na presença de moléculas mediadoras (Potthast *et al.*, 1995; Chaurasia *et al.*, 2013b; 2014b; 2014d). Recentemente, foram também relatados vários trabalhos sobre a oxidação selectiva mesmo na ausência de moléculas mediadoras (Chaurasia *et al.*, 2014a; 2014e).

Com a identificação do sistema mediador da lacase (LMS), que tem a capacidade de produzir polímeros diretos, que são muito difíceis de produzir através de outros métodos de síntese, a polimerização enzimática mediada por lacase fúngica atraiu uma atenção considerável (Aktas e Tanyolac, 2003). Existem muitos relatórios sobre a polimerização mediada por lacase do catecol monomérico em policatecol (Aktas e Tanyolac, 2003), do ácido 3,5-dimetil-4-hidroxibenzóico em poli(ácido 3,5-dimetil-4-hidroxibenzóico) (Ikeda *et al,* 1996; 1998b) e também pode catalisar várias reacções de polimerização radicalar (Ikeda *et al.*, 1998a), polimerização de enxerto de lenhina (Gubitz e Paulo, 2003) e polimerização de ligações cruzadas (Ikeda *et al.*, 2001).

A lacase tem a capacidade de catalisar a oxidação regiosselectiva de grupos hidroxilo primários presentes no açúcar ou em derivados do açúcar para o grupo carboxílico. Podem realizar o mesmo método de ação em formas monoméricas, diméricas e poliméricas de açúcares (Marzorati *et al.*, 2005).

Aplicações em nanobiotecnologia

Na nanobiotecnologia, a lacase ganhou aplicações no domínio do desenvolvimento de biossensores (Fogel e Limson, 2013; Chaurasia *et al.*, 2015d). Várias nanopartículas podem ser utilizadas como materiais de transporte em biossensores. O biossensor é definido como uma sonda biológica integrada que pode registar informações relativas a uma alteração fisiológica ou biológica. Contém um transdutor eletrónico que detecta, transmite e converte um sinal bioquímico numa resposta eléctrica mensurável (D'Souza, 2001). Foram desenvolvidos vários biossensores utilizando a enzima lacase para a deteção de glucose, catecóis no chá (Palmore e Kim, 1999), aminas aromáticas, compostos fenólicos no vinho e fenóis e lenhinas em águas residuais (Freire *et al.*, 2002), etc.

Gardiol et al (1996) desenvolveram um biossensor de oxigénio em fase gasosa baseado nas oxidases azuis contendo cobre como instrumento para medir os níveis de oxigénio em produtos embalados sob baixa concentração de oxigénio. Este biossensor foi gerado utilizando lacase de *Rhus vernicifera* e ascorbato encerrados em bolsas de polietileno de baixa densidade sob gás nitrogénio como substrato. Neste caso, o cobre azul, ou seja, o Cu (II) de tipo 1 da lacase e do ascorbato, pode ser reduzido e descolorado com substratos redutores e a cor azul regressa novamente após a re-oxidação da enzima pelo oxigénio molecular. Shleev et al (2005) realizaram um estudo sobre a eletroquímica direta de lacases em eléctrodos de grafite. Analisaram as propriedades electroquímicas de transferência de electrões em condições aeróbias e anaeróbias para lacases de elevado e baixo potencial redox. Para o efeito, utilizaram lacases de vários basidiomicetos.

O quadro resume as várias aplicações das lacases provenientes de diferentes fontes. Para além de todas estas aplicações, os investigadores estão atualmente a trabalhar em diferentes aspectos da lacase. No futuro, as lacases fúngicas podem também ser utilizadas em várias aplicações difíceis, como a síntese de adesivos, antibióticos e surfactantes, a produção de emulsionantes a partir de lignossulfonatos modificados, a síntese de polímeros úteis em dispositivos bioelectrónicos, etc.

Resumo das aplicações biotecnológicas de uma série de lacases obtidas de diferentes fontes (Chaurasia *et al.*, 2015)

Origem da lacase	Aplicações ou funções biotecnológicas	Referências

Stenotrophomonas maltophilia	Degradação de corantes sintéticos na indústria têxtil	Dwivedi *et al.*, 2011
R. vernicifera	Electro-redução do oxigénio	Dwivedi *et al.*, 2011
Tricholoma giganteum	Atividade inibidora da transcriptase reversa do VIH	Dwivedi *et al.*, 2011
Coltricia perennis	Desintoxicação da biomassa	Kalyani *et al.*, 2012
Pleurotus ostreatus	Águas residuais de lagares de azeite	Madhavi e Lele, 2009
Trametes sp.	Síntese da penicilina	Yague *et al.*, 2000
Xylaria polymorpha MTCC-1100 *Pleurotus ostreatus* MTCC-1803 *Phellinus linteus* MTCC-1175 *Coriolus versicolor* MTCC-138	Oxidação selectiva do grupo metilo aromático substituído na presença de mediador	Chaurasia *et al.*, 2013b; 2014d; 2014e
Coriolopsis floccossa MTCC-1177	Oxidação selectiva do tolueno e de toluenos substituídos em benzaldeídos correspondentes sem mediadores	Chaurasia *et al.*, 2014e; 2014a Niedermeyer *et al.*, 2005
Tramtes versicolour	Auxiliar de filtração e estabilização do vinho	Freire *et al.*, 2002 Minussi *et al.*, 2007
Trametes hirsuto *Trametes ochracea*	Reação direta de transferência de electrões	Christenson *et al.*, 2004

Coriolopsis fulvocinerea *Cerrena maxima* *Cerrena unicolor*	(sem mediador) das lacases	
Isoenzima LAC 3 de *Trametes* sp.	Acoplamento oxidativo	Polak e Jarosz-Wilkolazka *et al.*, 2012
Myceliophthora thermophila	Acoplamento fenólico oxidativo C-C e C-O, polimerização	Polak e Jarosz-Wilkolazka *et al.*, 2012
Trametes versicolor	Oxidação (adição intramolecular)	Polak e Jarosz-Wilkolazka *et al.*, 2012
Lacase nativa e recombinante de *T. versicolor* e *Pycnoporus cinnabarinus*	Acoplamento oxidativo C-N	Polak e Jarosz-Wilkolazka *et al.*, 2012
Pycnoporus cinnabarinus *Trametes versicolor* *Cerrena unicolor*	Síntese de corantes de fenoxazinona [acoplamento fenólico oxidativo (N-C; O-C)]	Polak e Jarosz-Wilkolazka *et al.*, 2012
Pyricularia oryzae	Síntese de corantes azo por acoplamento oxidativo	Polak e Jarosz-Wilkolazka *et al.*, 2012
Diferentes lacases (fúngicas, bacterianas)	Síntese de corantes azo por dimerização N-N	Polak e Jarosz-Wilkolazka *et al.*, 2012
Trametes versicolor (livre e imobilizado)	Síntese de intermediários azóicos coloridos por homoacoplamento oxidativo	Polak e Jarosz-Wilkolazka *et al.*, 2012

Trametes sp.(L603P, Biocatalysts, Reino Unido)	Síntese de corantes poliméricos por reação de acoplamento oxidativo, polimerização	Polak e Jarosz-Wilkolazka *et al.*, 2012
Trametes sp.(L603P, Biocatalysts, Reino Unido)	Síntese de pigmento oligomérico composto por até seis unidades fenólicas por reação de acoplamento de catecol oxidado com algodão modificado com amina	Polak e Jarosz-Wilkolazka *et al.*, 2012
Lentinus polychrous	Descoloração de corantes sintéticos por lacase bruta	Ratanaponglek a e Phetsom, 2014
Trametes versicolor	Descoloração de Saturn Blue L4G	Stloukal *et al.*, 2014
Coltricia perennis	Desintoxicação da biomassa	Kalyani *et al.*, 2012
Myceliophthora thermophila	Condicionador de massa	Renzetti *et al.*, 2010
Corolopsis gallica	Degradação de polifenóis (bioremediação)	Gonzalez *et al.*, 2000
Panus tigrinus	Oxidação de substratos não-fenólicos	Leontievsky *et al.*, 1997
Trametes versicolor	Aplicações de indicadores	Virtanen *et al.*, 2014
Myceliophthora thermophila	Melhoria da sacarificação de matérias-primas *de eucalipto*	Rico *et al.*, 2014
Trametes villosa	Bioenxerto de ácido ferúlico por lacase em fibras lignocelulósicas (O tratamento de polpa de sisal de alto kappa com	Rencoret *et al.*, 2014

	lacase de *Trametes villosa* e ácido ferúlico resultou em fortes aumentos do número kappa e do teor de grupos ácidos devido ao bioenxerto deste ácido fenólico)	
Xylaria polymorpha MTCC-1100 *Pleurotus sajor caju* MTCC-141	Síntese de acoplamento	Chaurasia *et al.,* 2015a; 2015b

Conclusão

No cenário em evolução da biotecnologia e da ciência ambiental, o papel das lacases - particularmente as derivadas de *Pleurotus ostreatus* - é cada vez mais reconhecido como fundamental e transformador. *O Poder das Enzimas Fúngicas: Exploring Laccase in Pleurotus ostreatus* percorreu os intrincados domínios da estrutura da lenhina, da ação enzimática e das tecnologias de fermentação, oferecendo uma análise abrangente de como estas enzimas podem revolucionar várias indústrias.

O estudo da lenhina e da sua degradação é fundamental para o avanço da nossa compreensão da utilização da biomassa vegetal e da recuperação ambiental. As lacases, com as suas capacidades oxidativas únicas, emergiram como actores-chave na decomposição da estrutura complexa da lenhina, fornecendo vias para métodos de processamento mais sustentáveis e eficientes. As suas diversas aplicações - desde o aumento da produção de alimentos e papel até ao avanço dos esforços de biorremediação e à contribuição para o domínio da nanobiotecnologia - demonstram o seu imenso potencial para enfrentar os desafios modernos.

Ao longo deste livro, explorámos os aspectos multifacetados da produção de lacases, incluindo a influência de factores ambientais, métodos de cultivo e as caraterísticas bioquímicas e genéticas que regem a sua função. Cada capítulo contribuiu para uma compreensão mais ampla do funcionamento das lacases, como podem ser optimizadas para uso industrial e como podem ser aproveitadas para contribuir para um futuro mais sustentável.

Ao concluirmos esta exploração, é evidente que a investigação contínua e a aplicação das lacases são promissoras para avanços significativos na biotecnologia e nas ciências ambientais. A capacidade de adaptar estas enzimas a aplicações específicas e de aumentar a sua eficiência através de modificações genéticas e bioquímicas abre caminhos interessantes para a inovação.

A viagem pelo mundo do *Pleurotus ostreatus* e das suas lacases realça a intersecção entre o engenho da natureza e o engenho humano. Ao tirar partido do poder destas enzimas notáveis, estamos mais bem equipados para enfrentar os desafios da sustentabilidade ambiental e da eficiência industrial.

Obrigado por se juntar a nós nesta viagem. Esperamos que este livro sirva como um recurso valioso e inspire mais investigação e aplicação no fascinante campo das enzimas fúngicas.

Referências

Adler, E. (1977). Química da lignina - passado, presente e futuro. Ciência e tecnologia da madeira, 11(3), 169-218.

Agbor, V. B., Cicek, N., Sparling, R., Berlin, A., & Levin, D. B. (2011). Pré-tratamento de biomassa: fundamentos para aplicação. Biotechnology advances, 29(6), 675-685.

Ahamad, M.Z., Panda, B.P., Javed, S., & Ali, M. (2006). Produção de mevastatina por fermentação em estado sólido utilizando farelo de trigo como substrato. Research Journal of Microbiology, 1: 443-447.

Akhtar, M., Blanchette, R. A., & Kirk, T. K. (1997). Deslignificação fúngica e polpação biomecânica da madeira. Em Biotechnology in the pulp and paper industry (pp. 159-195). Springer Berlin Heidelberg.

Akpinar, M., & Urek, R. O. (2012). Produção de enzimas ligninolíticas por fermentação em estado sólido usando *Pleurotus eryngii*. Bioquímica Preparativa e Biotecnologia, 42(6), 582-597.

Aktas, N., & Tanyolac, A. (2003). Condições de reação para polimerização de catecol catalisada por lacase. Bioresource Technology, 87(3), 209-214.

Alexeeva, Y. V., Ivanova, E. P., Bakunina, I. Y., Zvaygintseva, T. N., & Mikhailov, V. V. (2002). Otimização da produção de glicosidases por *Pseudoalteromonas issachenkonii* KMM 3549T. Letters in applied microbiology, 35(4), 343-346.

Alper, N., & Acar, J. (2004). Remoção de compostos fenólicos em sumos de romã utilizando combinações de ultrafiltração e lacase-ultrafiltração. Food/Nahrung, 48(3), 184-187.

Anwar, Z., Gulfraz, M., & Irshad, M. (2014). Biomassa lignocelulósica agroindustrial uma chave para desbloquear a futura bioenergia: uma breve revisão. Journal of radiation research and applied sciences, 7(2), 163-173.

Arias, M. E., Arenas, M., Rodríguez, J., Soliveri, J., Ball, A. S., & Hernández, M. (2003). Biobranqueamento de pasta kraft e oxidação mediada de um substrato não fenólico por lacase de *Streptomyces cyaneus* CECT 3335. Applied and Environmental Microbiology, 69(4), 1953-1958.

Arora, D. S., & Gill, P. K. (2000). Produção de lacase por alguns fungos de podridão branca em diferentes condições nutricionais. Bioresource Technology, 73(3), 283-285.

Asgher, M., Iqbal, H. M. N., & Asad, M. J. (2012). Caracterização cinética da lacase purificada produzida a partir de *Trametes versicolor* IBL-04 no bio-processamento em estado sólido de espigas de milho. BioResources, 7(1), 1171-1188.

Aslam, M. S., Aishy, A., Samra, Z. Q., Gull, I., & Athar, M. A. (2012). Identificação, purificação e caraterização de uma nova lacase extracelular de *Cladosporium cladosporioides*. Biotecnologia e Equipamentos Biotecnológicos, 26(6), 3345-3350.

Aydınoğlu, T., & Sargın, S. (2013). Produção de lacase de *Trametes versicolor* por fermentação em estado sólido usando folhas de oliveira como substrato fenólico. Engenharia de bioprocessos e biossistemas, 36(2), 215-222.

Bajpai, P., Gera, R. K., & Bajpai, P. K. (1992). Estudos de otimização para a produção de α-amilase utilizando meio de soro de queijo. Enzyme and Microbial Technology, 14(8), 679-683.

Bakkiyaraj, S., Aravindan, R., Arrivukkarasan, S., & Viruthagiri, T. (2013). Aumentar a produção de lacase por *Trametes hirsuta* usando farelo de trigo sob fermentação submersa. Jornal Internacional de Pesquisa ChemTech, 5, 1224-38.

Baldrian, P. (2004). Purificação e caraterização da lacase do fungo da podridão branca *Daedalea quercina* e descoloração de corantes sintéticos pela enzima. Microbiologia Aplicada e Biotecnologia, 63(5), 560-563.

Baldrian, P. (2006). Fungal laccases-occurrence and properties. FEMS microbiology reviews, 30(2), 215-242.

Banci, L., Ciofi-Baffoni, S., & Tien, M. (1999). Oxidação catalisada por lignina e Mn peroxidase de oligómeros fenólicos de lignina. Biochemistry, 38(10), 3205-3210.

Barakat, A., De Vries, H., & Rouau, X. (2013). Processo de fracionamento a seco como um passo importante nas actuais e futuras biorrefinarias de lignocelulose: uma revisão. Bioresource technology, 134, 362-373.

Bashir, S., & Aftab, A. (2016). Otimização in vitro da condição cultural para a biossíntese de lacase usando *Ganoderma lucidum* citação do autor. MYCOPATH, 13(2).

Bento, I., Carrondo, M. A., & Lindley, P. F. (2006). Redução de dioxigénio por enzimas contendo cobre. JBIC Journal of Biological Inorganic Chemistry, 11(5), 539-547.

Bermek, H., Li, K., & Eriksson, K. E. L. (1998). Mutantes sem lacase do fungo da podridão branca *Pycnoporus cinnabarinus* não podem deslignificar a polpa kraft. Jornal de biotecnologia, 66(2), 117-124.

Bertrand, B., Martínez-Morales, F., Tinoco, R., Rojas-Trejo, S., Serrano-Carreón, L., & Trejo-Hernández, M. R. (2014). Indução de lacases em *Trametes versicolor* por extratos aquosos de madeira. Revista Mundial de Microbiologia e Biotecnologia, 30(1), 135-142.

Bertrand, T., Jolivalt, C., Briozzo, P., Caminade, E., Joly, N., Madzak, C., & Mougin, C. (2002). Estrutura cristalina de uma lacase de quatro copeques complexada com uma arilamina: perspectivas sobre o reconhecimento do substrato e correlação com a cinética. Biochemistry, 41(23), 7325-7333.

Birhanli, E., & Yeşilada, Ö. (2013). A utilização de resíduos lignocelulósicos para a produção de lacase em condições de fermentação em estado semi-sólido e submerso. Jornal Turco de Biologia, 37(4), 450-456.

Blaich, R., & Esser, K. (1975). Função das enzimas em fungos destruidores de madeira. Arquivos de Microbiologia, 103(1), 271-277.

Blanchette, R. A. (1995). Degradação do complexo lignocelulósico na madeira. Canadian Journal of Botany, 73(S1), 999-1010.

Bollag, J. M., & Leonowicz, A. (1984). Estudos comparativos de lacases extracelulares de fungos. Applied and Environmental Microbiology, 48(4), 849-854.

Bourbonnais, R., & Paice, M. G. (1990). Oxidação de substratos não-fenólicos. FEBS letters, 267(1), 99-102.

Box, G. E., & Behnken, D. W. (1960). Some new three level designs for the study of quantitative variables. Technometrics, 2(4), 455-475.

Bozic, N., Ruiz, J., Lopez-Santin, J., & Vujčić, Z. (2011). Otimização do crescimento e produção de α-amilase de *Bacillus subtilis* IP 5832 em culturas em lote de frasco agitado e fermentador de laboratório. Jornal da Sociedade Química da Sérvia, 76 (7), 965-972.

Bugg, T. D., & Rahmanpour, R. (2015). Conversão enzimática de lignina em produtos químicos renováveis. Opinião atual em Biologia Química, 29, 10-17.

Burton, S. G. (2003). Laccases e fenol oxidases em síntese orgânica - uma revisão. Química Orgânica Atual, 7(13), 1317-1331.

Cabuk, A., Unal, A. T., & Kolankaya, N. (2006). Biodegradação de cianeto por um fungo da podridão branca, *Trametes versicolor*. Biotechnology letters, 28(16), 1313-1317.

Call, H. P., & Mücke, I. (1997). História, visão geral e aplicações de sistemas lignolíticos mediados, especialmente sistemas mediadores de lacases (processo Lignozym®). Jornal de Biotecnologia, 53(2), 163-202.

Calvo, A. M., Copa-Patiño, J. L., Alonso, O., & González, A. E. (1998). Estudos sobre a produção e caraterização da atividade da lacase no basidiomiceto *Coriolopsis gallica*, um eficiente descolorante de efluentes alcalinos. Arquivos de microbiologia, 171(1), 31-36.

Camarero, S., Ibarra, D., Martínez, M. J., & Martínez, Á. T. (2005). Compostos derivados da lignina como mediadores eficientes da lacase para a descoloração de diferentes tipos de corantes recalcitrantes. Applied and environmental microbiology, 71(4), 1775-1784.

Campos, P. A., Levin, L. N., & Wirth, S. A. (2016). Produção heteróloga, caraterização e capacidade de descoloração de corantes de uma nova isoenzima de lacase termoestável de *Trametes trogii* BAFC 463. Process Biochemistry, 51(7), 895-903.

Castanera, R., Pérez, G., Omarini, A., Alfaro, M., Pisabarro, A. G., Faraco, V., ... & Ramírez, L. (2012). Perfil transcricional e enzimático dos genes da lacase de *Pleurotus ostreatus* em culturas de fermentação submersas e em estado sólido. Microbiologia aplicada e ambiental, 78(11), 4037-4045.

Castano, J. D., Cruz, C., & Torres, E. (2015). Otimização da produção, purificação e caraterização de uma lacase do fungo nativo *Xylaria* sp. Biocatálise e Biotecnologia Agrícola, 4(4), 710-716.

Castillo del Pilar, M. (1997). Degradação de pesticidas por *Phanerochaete chrysosporium* em fermentação de substrato sólido. Ata Universitatis Agriculturae Sueciae. Agraria (Suécia).

Chairin, T., Nitheranont, T., Watanabe, A., Asada, Y., Khanongnuch, C., & Lumyong, S. (2014). Purificação e caraterização da lacase extracelular produzida por *Trametes polyzona* WR710-1 sob fermentação em estado sólido. Jornal de microbiologia básica, 54(1), 35-43.

Chakravarti, R., & Sahai, V. (2002). Otimização da produção de compactina em meio de produção quimicamente definido por *Penicillium citrinum* utilizando métodos estatísticos. Process Biochemistry, 38(4), 481-486.

Chandel, A. K., Gonçalves, B. C., Strap, J. L., & da Silva, S. S. (2015). Biodelignificação de substratos de lignocelulose: Uma estratégia de pré-tratamento intrínseca e sustentável para a produção de energia limpa. Revisões críticas em biotecnologia, 35(3), 281-293.

Chandra, R., & Chowdhary, P. (2015). Propriedades das laccases bacterianas e sua aplicação na biorremediação de resíduos industriais. Ciência Ambiental: Processes & Impacts, 17(2), 326-342.

Chauhan, B., & Gupta, R. (2004). Aplicação do desenho experimental estatístico para a otimização da produção de protease alcalina de *Bacillus* sp. RGR-14. Process Biochemistry, 39(12), 2115-2122.

Chaurasia, P. K., Bharati, S. L., Singh, S. K., & Yadava, S. (2015c). Aminação de p-hidroquinona por lacase de *Xylaria polymorpha* MTCC-1100. Jornal Russo de Química Geral, 85(3), 683-685.

Chaurasia, P. K., Bharati, S. L., Singh, S. K., & Yadava, S. (2015b). Aplicações sintéticas de lacase purificada de *Pleurotus sajor caju* MTCC-141. Jornal Russo de Química Geral, 85(1), 173-175.

Chaurasia, P. K., Bharati, S. L., Yadava, S., & Yadav, R. S. S. (2015a). Purificação, caraterização e aplicação sintética de uma lacase termicamente estável de *Hexagonia tenuis* MTCC-1119.

Chaurasia, P. K., Singh, S. K., & Bharati, S. L. (2014b). Papel da lacase de *Coriolus versicolor* MTCC-138 na oxidação seletiva do grupo metil aromático. Jornal Russo de Química Bioorgânica, 40(3), 288-292.

Chaurasia, P. K., Yadav, A., Yadav, R. S. S., & Yadava, S. (2013b). Purificação e caraterização da lacase secretada por *Phellinus linteus* MTCC-1175 e seu papel na oxidação seletiva do grupo metil aromático. Bioquímica e microbiologia aplicadas, 49(6), 592-599.

Chaurasia, P. K., Yadav, A., Yadav, R. S. S., & Yadava, S. (2013c). Purificação e caraterização da lacase de *Coriolopsis floccosa* MTCC-1177 e seu uso na oxidação seletiva do grupo metil aromático em aldeído sem mediadores. Journal of Chemical Sciences, 125(6), 1395-1403.

Chaurasia, P. K., Yadav, R. S. S., & Yadava, S. (2013a). Purificação, caraterização e cinética enzimática de estado estacionário da lacase de *Xylaria polymorpha* MTCC-1100. Revista Internacional de Pesquisa em Química e Meio Ambiente, 3(2), 93-101.

Chaurasia, P. K., Yadav, R. S. S., & Yadava, S. (2013d). Uma revisão sobre o mecanismo de ação da lacase. Research & Reviews in BioSciences, 7(2), 66-71.

Chaurasia, P. K., Yadav, R. S., & Yadava, S. (2014c). Purificação e caraterização da lacase amarela de *Trametes hirsuta* MTCC-1171 e sua aplicação na síntese de aldeídos aromáticos. Process Biochemistry, 49(10), 1647-1655.

Chaurasia, P. K., Yadava, S., Bharati, S. L., & Singh, S. K. (2014d). Síntese de aldeídos aromáticos por lacase de *Pleurotus ostreatus* MTCC-1801. Synthetic Communications, 44(17), 2535-2544.

Chaurasia, P. K., Yadava, S., Bharati, S. L., & Singh, S. K. (2014a). Síntese de aldeídos aromáticos por lacase sem a ajuda de mediadores. Green Chemistry Letters and Reviews, 7(1), 100-104.

Chaurasia, P. K., Yadava, S., Bharati, S. L., & Singh, S. K. (2014e). Oxidação selectiva e N-acoplamento por lacase purificada de *Xylaria polymorpha* MTCC-1100. Jornal Russo de Química Bioorgânica, 40(4), 455-460.

Chaurasia, P.K, L Bharati, S., Sharma, M., K Singh, S., SS Yadav, R., & Yadava, S. (2015d). Fungal Laccases e seus significados biotecnológicos na perspetiva atual: A Review. Química Orgânica Atual, 19(19), 1916-1934.

Chefetz, B., Chen, Y., & Hadar, Y. (1998). Purificação e caraterização da lacase de *Chaetomium thermophilium* e seu papel na humificação. Applied and Environmental Microbiology, 64(9), 3175-3179.

Chen, D. M., Bastias, B. A., Taylor, A. F., & Cairney, J. W. (2003b). Identificação de genes do tipo lacase em basidiomicetos ectomicorrízicos e regulação transcricional por azoto em *Piloderma byssinum*. New Phytologist, 157(3), 547-554.

Chen, S., Ma, D., Ge, W., & Buswell, J. A. (2003a). Indução da atividade da lacase no cogumelo de palha comestível, *Volvariella volvacea*. FEMS Microbiology Letters, 218(1), 143-148.

Chen, S., Xu, J., Liu, C., Zhu, Y., Nelson, D. R., Zhou, S., ... & Luo, H. (2012). Sequência do genoma do cogumelo medicinal modelo *Ganoderma lucidum*. Comunicações da natureza, 3, 913.

Chhaya, U., & Gupte, A. (2010). Otimização dos componentes do meio para a produção de lacase pelo isolado fúngico *Fusarium incarnatum* LD-3. Jornal de microbiologia básica, 50(1), 43-51.

Chhaya, U., & Gupte, A. (2013). Efeito de diferentes condições de cultivo e indutores na produção de lacase pelo isolado fúngico *Fusarium incarnatum* LD-3, habitante da cama, sob fermentação de substrato sólido. Anais de microbiologia, 63(1), 215-223.

Cho, N. S., Cho, H. Y., Shin, S. J., Choi, Y. J., Leonowicz, A., & Ohga, S. (2008). Produção de lacase fúngica e sua imobilização e estabilidade. Jornal da Faculdade de Agricultura da Universidade de Kyushu (Japão).

Christenson, A., Dimcheva, N., Ferapontova, E. E., Gorton, L., Ruzgas, T., Stoica, L., ... & Aust, S. D. (2004). Transferência direta de electrões entre enzimas redox ligninolíticas e eléctrodos. Electroanalysis, 16(13-14), 1074-1092.

Claus, H. (2003). Laccases e sua ocorrência em procariotas. Archives of Microbiology, 179(3), 145-150.

Coll, P. M., Fernandez-Abalos, J. M., Villanueva, J. R., Santamaria, R., & Perez, P. (1993). Purificação e caraterização de uma fenoloxidase (lacase) do basidiomiceto PM1 (CECT 2971) que degrada a lenhina. Applied and Environmental Microbiology, 59(8), 2607-2613.

Collins, P. J., & Dobson, A. (1997). Regulação da transcrição do gene da lacase em *Trametes versicolor*. Applied and Environmental Microbiology, 63(9), 3444-3450.

Cornell, J. A., & Khuri, A. I. (1987). Response surfaces: designs and analyses. Marcel Dekker, Inc..

Couto, S. R., & Toca-Herrera, J. L. (2007). Produção de lacase à escala do reator por fungos filamentosos. Biotechnology advances, 25(6), 558-569.

Couto, S. R., Moldes, D., Liébanas, A., & Sanromán, A. (2003). Investigação de várias configurações de bioreactores para a produção de lacase por *Trametes versicolor* operando em condições de estado sólido. Biochemical Engineering Journal, 15(1), 21-26.

D'Souza-Ticlo, D., Sharma, D., & Raghukumar, C. (2009). Uma lacase termoestável tolerante a metais com potencial de biorremediação de um fungo de origem marinha. Marine biotechnology, 11(6), 725-737.

Daâssi, D., Zouari-Mechichi, H., Frikha, F., Rodríguez-Couto, S., Nasri, M., & Mechichi, T. (2016). Resíduos de serragem como substrato-suporte de baixo custo para a produção de lacases e adsorvente para descoloração de corantes azo. Jornal de Ciência e Engenharia da Saúde Ambiental, 14(1), 1.

Dahiya, N., Tewari, R., Tiwari, R. P., & Hoondal, G. S. (2005). Produção de quitinase em fermentação em estado sólido por *Enterobacter* sp. NRG4 utilizando um projeto experimental estatístico. Current Microbiology, 51(4), 222-228.

Das, N., Chakraborty, T. K., & Mukherjee, M. (2001). Purificação e caraterização de uma lacase reguladora do crescimento de *Pleurotus florida*. Journal of basic microbiology, 41(5), 261-267.

De Souza, C. G.M, & Peralta, R. M. (2003). Purificação e caraterização da principal lacase produzida pelo fungo da podridão branca *Pleurotus pulmonarius* em meio sólido de farelo de trigo. Journal of basic microbiology, 43(4), 278-286.

Dedeyan, B., Klonowska, A., Tagger, S., Tron, T., Iacazio, G., Gil, G., & Le Petit, J. (2000). Biochemical and molecular characterization of a laccase from *Marasmius quercophilus*. Applied and environmental microbiology, 66(3), 925-929.

Dhakar, K., & Pandey, A. (2013). Produção de lacase a partir de uma estirpe fúngica tolerante à temperatura e ao pH de *Trametes hirsuta* (MTCC 11397). Pesquisa enzimática, 2013.

Diaz, R., Alonso, S., Sánchez, C., Tomasini, A., Bibbins-Martinez, M., & Diaz-Godinez, G. (2010). Caracterização do crescimento e da atividade da lacase de estirpes de *Pleurotus ostreatus* em fermentação submersa. BioResources, 6(1), 282-290.

Diaz, R., Sánchez, C., Bibbins-Martinez, M. D., & Diaz-Godinez, G. (2011). Efeito do pH médio nos padrões do zimograma da lacase produzida por *Pleurotus ostreatus* em fermentação submersa. Jornal Africano de Investigação em Microbiologia, 5(18), 2720-2723.

Díaz, R., Saparrat, M. C., Jurado, M., García-Romera, I., Ocampo, J. A., & Martínez, M. J. (2010). Caracterização bioquímica e molecular das lacases de *Coriolopsis rigida* envolvidas na transformação dos resíduos sólidos da produção de azeite. Applied microbiology and biotechnology, 88(1), 133-142.

Dombrovskaya, E. N., & Kostyshin, S. S. (1996). Efeitos de surfactantes de diferentes naturezas iónicas nos complexos enzimáticos ligninolíticos dos fungos de podridão branca *Pleurotus floridae* e *Phellinus igniariu s*. Biochemistry, 61(2), 215-220.

Dos Santos Bazanella, G. C., Araújo, C. A. V., Castoldi, R., Maria, G., Maciel, F. D. I., Marques, C. G., ... & Peralta, R. M. (2016). Enzimas ligninolíticas de fungos de podridão branca e aplicação na remoção de corantes sintéticos. Enzimas fúngicas, 258.

D'souza, S. F. (2001). Biossensores microbianos. Biosensores e Bioelectrónica, 16(6), 337-353.

Dubois, M., Gilles, K. A., Hamilton, J. K., Rebers, P. A. T., & Smith, F. (1956). Colorimetric method for determination of sugars and related substances. Analytical chemistry, 28(3), 350-356.

Ducros, V., Brzozowski, A. M., Wilson, K. S., Brown, S. H., Østergaard, P., Schneider, P., ... & Davies, G. J. (1998). Estrutura cristalina da lacase depletada de Cu tipo 2 de *Coprinus cinereus* com resolução de 2,2 Å. Nature Structural & Molecular Biology, 5(4), 310-316.

Durbeej, B., Wang, Y. N., & Eriksson, L. A. (2002, junho). Lignin biosynthesis and degradation-A major challenge for computational chemistry. Na Conferência Internacional sobre Computação de Alto Desempenho para Ciência Computacional (pp. 137-165). Springer Berlin Heidelberg.

Dutta, J. R., Dutta, P. K., & Banerjee, R. (2004). Otimização dos parâmetros de cultura para a produção de protease extracelular a partir de uma *Pseudomonas* sp. recentemente isolada, utilizando modelos de superfície de resposta e de redes neurais artificiais. Process Biochemistry, 39(12), 2193-2198.

Dwivedi, U. N., Singh, P., Pandey, V. P., & Kumar, A. (2011). Relação estrutura-função entre laccases bacterianas, fúngicas e vegetais. Journal of Molecular Catalysis B: Enzymatic, 68(2), 117-128.

Ebbs, S. (2004). Degradação biológica de compostos de cianeto. Opinião atual em Biotecnologia, 15(3), 231-236.

Eggert, C., Temp, U., & Eriksson, K. E. (1996). O sistema ligninolítico do fungo da podridão branca *Pycnoporus cinnabarinus*: purificação e caraterização da lacase. Applied and Environmental Microbiology, 62(4), 1151-1158.

Eggert, C., Temp, U., & Eriksson, K. E. L. (1997). A lacase é essencial para a degradação da lignina pelo fungo da podridão branca *Pycnoporus cinnabarinus*. FEBS Letters, 407(1), 89-92.

Eggert, C., Temp, U., Dean, J. F., & Eriksson, K. E. L. (1995). Formação mediada por lacase do derivado de fenoxazinona, ácido cinabarínico. FEBS letters, 376(3), 202-206.

El-Batal, A. I., ElKenawy, N. M., Yassin, A. S., & Amin, M. A. (2015). Produção de lacase por *Pleurotus ostreatus* e sua aplicação na síntese de nanopartículas de ouro. Relatórios de Biotecnologia, 5, 31-39.

Elisashvili, V., & Kachlishvili, E. (2009). Physiological regulation of laccase and manganese peroxidase production by white-rot Basidiomycetes. Journal of Biotechnology, 144(1), 37-42.

Elisashvili, V., Kachlishvili, E., & Penninckx, M. (2008). Effect of growth substrate, method of fermentation, and nitrogen source on lignocellulose-degrading enzymes production by white-rot basidiomycetes. Jornal de microbiologia industrial e biotecnologia, 35(11), 1531-1538.

Elsayed, M. A., Hassan, M. M., Elshafei, A. M., Haroun, B. M., & Othman, A. M. (2012). Otimização de parâmetros culturais e nutricionais para a produção de lacase por *Pleurotus ostreatus* ARC280. British Biotechnology Journal, 2(3), 115.

Englard, S., & Seifter, S. (1990). [22] Técnicas de precipitação. Methods in enzymology, 182, 285-300.

Enguita, F. J., Martins, L. O., Henriques, A. O., & Carrondo, M. A. (2003). Estrutura cristalina de uma lacase componente do revestimento de endosporos bacterianos com propriedades de termoestabilidade melhoradas. Journal of Biological Chemistry, 278(21), 19416-19425.

Eriksson, K. E. L., Blanchette, R. A., & Ander, P. (1990). Biodegradação da lignina. In Microbial and enzymatic degradation of wood and wood components (pp. 225-333). Springer Berlin Heidelberg.

Fernandes, T. A. R., da Silveira, W. B., Passos, F. M. L., & Zucchi, T. D. (2014). Laccases de Actinobactérias - o que temos e o que esperar. Avanços em Microbiologia, 2014.

Fogel, R., & Limson, J. L. (2013). Previsão eletroquímica da adequação de substratos fenólicos para deteção por biossensores amperométricos de lacase. Electroanalysis, 25(5), 1237-1246.

Frases, S., Salazar, A., Dadachova, E., & Casadevall, A. (2007). *Cryptococcus neoformans* pode utilizar o precursor da melanina bacteriana, o ácido homogentísico, para a melanogénese fúngica. Applied and environmental microbiology, 73(2), 615-621.

Freire, R. S., Duran, N., Wang, J., & Kubota, L. T. (2002). Elétrodo impresso em tela baseado em lacase para deteção amperométrica de compostos fenólicos. Analytical letters, 35(1), 29-38.

Froehner, S. C., & Eriksson, K. E. (1974). Purificação e propriedades da lacase de *Neurospora crassa*. Journal of Bacteriology, 120(1), 458-465.

Fujihiro, S., Higuchi, R., Hisamatsu, S., & Sonoki, S. (2009). Metabolismo de congéneres de PCB hidroxilados por isoformas de lacase clonadas. Applied microbiology and biotechnology, 82(5), 853-860.

Fukushima, Y., & Kirk, T. K. (1995). Laccase component of the *Ceriporiopsis subvermispora* lignin-degrading system. Applied and Environmental Microbiology, 61(3), 872-876.

Galhaup, C., & Haltrich, D. (2001). Aumento da formação de atividade de lacase pelo fungo de podridão branca *Trametes pubescens* na presença de cobre. Applied Microbiology and Biotechnology, 56(1-2), 225-232.

Galhaup, C., Wagner, H., Hinterstoisser, B., & Haltrich, D. (2002). Aumento da produção de lacase pelo basidiomiceto *Trametes pubescens*, que degrada a madeira. Enzyme and Microbial Technology, 30(4), 529-536.

Gardiol, A. E., Hernandez, R. J., Reinhammar, B., & Harte, B. R. (1996). Desenvolvimento de um biossensor de oxigénio em fase gasosa utilizando uma oxidase azul contendo cobre. Enzyme and microbial technology, 18(5), 347-352.

Garg, V. K., Kumar, R., & Gupta, R. (2004). Remoção do corante verde malaquite de uma solução aquosa por adsorção utilizando resíduos da agroindústria: um estudo de caso de *Prosopis cineraria*. Dyes and Pigments, 62(1), 1-10.

Gianfreda, L., Xu, F., & Bollag, J. M. (1999). Laccases: um grupo útil de enzimas oxidorredutoras. Bioremediation Journal, 3(1), 1-26.

Giardina, P., Faraco, V., Pezzella, C., Piscitelli, A., Vanhulle, S., & Sannia, G. (2010). Laccases: uma história sem fim. Cellular and Molecular Life Sciences, 67(3), 369-385.

Giardina, P., Palmieri, G., Scaloni, A., Fontanella, b., Faraco, v., Cennamo, g., & Sannia, g. (1999). Estrutura proteica e genética de uma lacase azul de *Pleurotus ostreatus1*. Biochemical Journal, 341(3), 655-663.

Givaudan, A., Effosse, A., Faure, D., Potier, P., Bouillant, M. L., & Bally, R. (1993). Polyphenol oxidase in *Azospirillum lipoferum* isolated from rice rhizosphere: evidence for laccase activity in non-motile strains of *Azospirillum lipoferum*. FEMS Microbiology Letters, 108(2), 205-210

Glenn, J. K., & Gold, M. H. (1985). Purificação e caraterização de uma peroxidase extracelular dependente de Mn (II) do basidiomiceto que degrada a lignina, *Phanerochaete chrysosporium*. Archives of biochemistry and biophysics, 242(2), 329-341.

Glenn, J. K., Akileswaran, L., & Gold, M. H. (1986). A oxidação de Mn (II) é a principal função da Mn-peroxidase extracelular de *Phanerochaete chrysosporium*. Archives of Biochemistry and Biophysics, 251(2), 688-696.

Glenn, J. K., Morgan, M. A., Mayfield, M. B., Kuwahara, M., & Gold, M. H. (1983). Uma preparação enzimática extracelular que requer H 2 O 2 envolvida na biodegradação da lignina pelo basidiomiceto *Phanerochaete chrysosporium* da podridão branca. Biochemical and biophysical research communications, 114(3), 1077-1083.

Gochev, V. K., & Krastanov, A. I. (2007). Isolation of laccase producing *Trichoderma* spp. Bulgarian Journal of Agricultural Science, 13(2), 171.

Gold, M. H., & Alic, M. A. R. G. A. R. E. T. (1993). Molecular biology of the lignin-degrading basidiomycete *Phanerochaete chrysosporium*. Microbiological reviews, 57(3), 605-622.

Gold, M. H., Wariishi, H., & Valli, K. (1989). Degradação de peroxidases extracelulares envolvidas na degradação da lignina pelo basidiomiceto *Phanerochaete chrysosporium* da podridão branca. Em Biocatalysis in Agricultural Biotechnology, ACS Symposium Series (Vol. 389, pp. 127-140).

Gomaa, O. M., & Momtaz, O. A. (2015). Indução de cobre e expressão diferencial de lacase em *Aspergillus flavus*. Revista Brasileira de Microbiologia, 46(1), 285-292.

Gonzalez, J. C., Medina, S. C., Rodriguez, A., Osma, J. F., Alméciga-Díaz, C. J., & Sánchez, O. F. (2013). Produção de lacase de *Trametes pubescens* em condições de cultura submersa e semi-sólida em resíduos agroindustriais. PLoS One, 8(9), e73721.

Gonzalez, T., Terrón, M. C., Yagüe, S., Zapico, E., Galletti, G. C., & González, A. E. (2000). Monitorização por pirólise/cromatografia gasosa/espetrometria de massa de águas residuais de destilaria tratadas com fungos utilizando *Trametes* sp. I-62 (CECT 20197). Comunicações rápidas em espetrometria de massa, 14(15), 1417-1424.

Govumoni, S. P., Gentela, J., Koti, S., Haragopal, V., Venkateshwar, S., & Rao, L. V. (2015). Enzimas Lignocelulolíticas Extracelulares por *Phanerochaete chrysosporium* (MTCC 787) sob Fermentação em Estado Sólido de Resíduos Agrícolas. Revista Internacional de Microbiologia Atual e Ciências Aplicadas, 4(10), 700-710

Gregorio, A. P. F., Da Silva, I. R., Sedarati, M. R., & Hedger, J. N. (2006). Mudanças na produção de enzimas degradadoras de lignina durante interações entre micélios dos basidiomicetos decompositores tropicais *Marasmiellus troyanus* e *Marasmius pallescens*. Mycological research, 110(2), 161-168.

Gübitz, G. M., & Paulo, A. C. (2003). Novos substratos para enzimas fiáveis: modificação enzimática de polímeros. Opinião atual em biotecnologia, 14(6), 577-582.

Guillén, F., Martínez, M. J., Gutiérrez, A., & Del Rio, J. C. (2005). Biodegradação de lignocelulósicos: aspectos microbianos, químicos e enzimáticos do ataque fúngico da lignina. International Microbiology, 8(195204), 187204Minami.

Günther, T. H., Perner, B., & Gramss, G. (1998). Actividades de enzimas oxidantes de fenol de fungos ectomicorrízicos em cultura axénica e em simbiose com pinheiro silvestre (Pinus sylvestris L.). Journal of Basic Microbiology, 38(3), 197-206.

Guo, W., Yao, Z., Zhou, C., Li, D., Chen, H., Shao, Q., ... & Feng, H. (2012). Purificação e caraterização de três isozimas de lacase do fungo da podridão branca *Trametes* sp. HS-03. Jornal Africano de Biotecnologia, 11(31), 7916-7922.

Guo, Y. J. (2005). Técnicas experimentais em eletroforese de proteínas. Science Press, Beijing, pp 5356Guo M, Lu FP, Pu J, Bai DQ, Du LX (2005) Molecular cloning of the cDNA encoding laccase from *Trametes versicolor* and heterologous expression in *Pichia methanolica*. Appl Microbiol Biotechnol, 69, 178183.

Gupta V K e Tuohy M G (2013). Protocolos laboratoriais em biologia fúngica, Métodos actuais em Biologia Fúngica. Springer Science, 403-405.

Gupta, N., Mehra, G., & Gupta, R. (2004). A glycerol-inducible thermostable lipase from *Bacillus* sp.: medium optimization by a Plackett-Burman design and by response surface methodology. Canadian journal of microbiology, 50(5), 361-368.

Gupta, V., Capalash, N., & Sharma, P. (2015). Laccases e seu papel na biorremediação de efluentes industriais. Avanços na Biodegradação e Biorremediação de Resíduos Industriais, 97.

Gupte, A., Gupte, S., & Patel, H. (2007). Produção de enzimas ligninolíticas em fermentação em estado sólido por fungos de podridão branca. Jornal de investigação científica e industrial, 66(8), 611.

Gutiérrez, A., Rencoret, J., Cadena, E. M., Rico, A., Barth, D., José, C., & Martínez, Á. T. (2012). Demonstração da remoção de lignina baseada em lacase de matérias-primas de madeira e plantas não lenhosas. Bioresource technology, 119, 114-122.

Hakulinen, N., Kiiskinen, L. L., Kruus, K., Saloheimo, M., Paananen, A., Koivula, A., & Rouvinen, J. (2002). Estrutura cristalina de uma lacase de *Melanocarpus albomyces* com um sítio de cobre trinuclear intacto. Nature Structural & Molecular Biology, 9(8), 601-605.

Hamman, O. B., de La Rubia, T., & Martínez, J. (1997). Efeito da limitação de carbono e azoto na produção de lenhina peroxidase e manganês peroxidase por *Phanerochaete flavido-alba*. Journal of Applied Microbiology, 83(6), 751-757.

Hammel, K. E. (1997). Degradação fúngica da lignina. Driven by nature: plant litter quality and decomposition. CAB International, Wallingford, 33-46.

Hammel, K. E. (1997). Degradação fúngica da lignina. Driven by nature: plant litter quality and decomposition. CAB International, Wallingford, 33-46.

Hammel, K. E., & Cullen, D. (2008). Papel das peroxidases fúngicas na ligninólise biológica. Opinião atual em biologia vegetal, 11(3), 349-355.

Harvey, P. J., Schoemaker, H. E., & Palmer, J. M. (1986). O álcool veratrílico como mediador e o papel dos catiões radicais na biodegradação da lenhina por *Phanerochaete chrysosporium*. FEBS letters, 195(1-2), 242-246.

Hashim, A. J. (2012). Determinação das condições óptimas para a produção de lacase por *Pleurotus ostreatus* utilizando serradura como meio sólido e a sua utilização na degradação do fenol. Journal Baghdad for Science, 9(3), 491-498.

Hatakka, A. (1994). Enzimas modificadoras da lenhina de fungos selecionados de podridão branca: produção e papel na degradação da lenhina. FEMS microbiology reviews, 13(2-3), 125-135.

Hatakka, A. (2001) "Biodegradation of lignin", In: Biopolymer. Biologia, Química, Biotecnologia, Aplicações. Vol.1. Lignin, Humic substances and Coal, M Hofrichter e A Steinbuchel (eds.), Wiley- WCH, 129-180.

Hatakka, A., & Hammel, K. E. (2011). Biodegradação fúngica de lignoceluloses. Em Aplicações industriais (pp. 319-340). Springer Berlin Heidelberg.

Hatvani, N., & Mécs, I. (2001). Produção de lacase e manganês peroxidase por *Lentinus edodes* em subprodutos do processo de fabrico de cerveja que contêm malte. Process Biochemistry, 37(5), 491-496.

Held, C., Kandelbauer, A., Schroeder, M., Cavaco-Paulo, A., & Gübitz, G. M. (2005). Biotransformação de fenólicos com lacase contendo esporos bacterianos. Environmental Chemistry Letters, 3(2), 74-77.

Higuchi, T. (1985). Biosíntese da lignina. Biosynthesis and biodegradation of wood components, 141-160.

Hofer, C., & Schlosser, D. (1999). Nova oxidação enzimática de Mn2+ a Mn3+ catalisada por uma lacase fúngica. FEBS letters, 451(2), 186-190.

Hofrichter, M. (2002). Revisão: conversão de lignina pela peroxidase de manganês (MnP). Enzyme and Microbial technology, 30(4), 454-466.

Hofrichter, M., Vares, T., Kalsi, M., Galkin, S., Scheibner, K., Fritsche, W., & Hatakka, A. (1999). Produção de manganês peroxidase e ácidos orgânicos e mineralização de lignina marcada com 14C (14C-DHP) durante a fermentação em estado sólido de palha de trigo com o fungo da podridão branca *Nematoloma frowardii*. Applied and Environmental Microbiology, 65(5), 1864-1870.

Honma, Y., Kasukabe, T., Hozumi, M., Shibata, K., & Omura, S. (1991). Efeitos dos derivados da herbimicina A no crescimento e diferenciação das células leucémicas humanas K562. Anticancer research, 12(1), 189-192.

Hosny, M., & Rosazza, J. P. (2002). Novas oxidações de (+)-catequina por peroxidase de rábano e lacase. Journal of agricultural and food chemistry, 50(20), 5539-5545.

Hou, H., Zhou, J., Wang, J., Du, C., & Yan, B. (2004). Aumento da produção de lacase por *Pleurotus ostreatus* e sua utilização para a descoloração de corante de antraquinona. Process Biochemistry, 39(11), 1415-1419.

Hublik, G., & Schinner, F. (2000). Caracterização e imobilização da lacase de *Pleurotus ostreatus* e sua utilização para a eliminação contínua de poluentes fenólicos. Enzyme and Microbial Technology, 27(3), 330-336.

Ikeda, R., Sugihara, J., Uyama, H., & Kobayashi, S. (1996). Polimerização oxidativa enzimática de 2, 6-dimetilfenol. Macromolecules, 29(27), 8702-8705.

Ikeda, R., Sugihara, J., Uyama, H., & Kobayashi, S. (1998b). Polimerização oxidativa enzimática de derivados do ácido 4-hidroxibenzóico em poli (óxido de fenileno) s. Polymer international, 47(3), 295-301.

Ikeda, R., Tanaka, H., Uyama, H., & Kobayashi, S. (1998a). Laccase-catalyzed polymerization of acrylamide. Macromolecular rapid communications, 19(8), 423-425.

Ikeda, R.; Tanaka, H.; Oyabu, H.; Uyama, H.; Kobayashi, S. Preparação de urushi artificial através de um processo ambientalmente benigno. Boletim da Sociedade Química do Japão, 2001, 74, 1067-1073

Ikehata, K., Buchanan, I. D., & Smith, D. W. (2004). Recent developments in the production of extracellular fungal peroxidases and laccases for waste treatment. Journal of Environmental Engineering and Science, 3(1), 1-19.

Imran, M., Asad, M. J., Hadri, S. H., & Mehmood, S. (2012). Produção e aplicações industriais da enzima lacase. Jornal de Biologia Celular e Molecular, 10(1).

Iqbal, H. M. N., Asgher, M., & Bhatti, H. N. (2011). Otimização de fatores físicos e nutricionais para a síntese de enzimas degradadoras de lignina por uma nova cepa de *Trametes versicolor*. BioResources, 6(2), 1273-1287.

Irshad, M., & Asgher, M. (2011). Produção e otimização de enzimas ligninolíticas pelo fungo da podridão branca *Schizophyllum commune* IBL-06 em talos de banana em meio sólido. Jornal Africano de Biotecnologia, 10(79), 18234-18242.

Jacobson, E. S., & Emery, H. S. (1991). Regulação da temperatura da fenoloxidase criptocócica. Journal of medical and veterinary mycology, 29(2), 121-124.

Jang, M. Y., Ryu, W. R., & Cho, M. H. (2002). Produção de lacase a partir de culturas em lotes repetidos utilizando micélios livres de *Trametes* sp. Enzyme and Microbial Technology, 30(6), 741-746.

Johannes, C., & Majcherczyk, A. (2000). Testes de atividade da lacase e inibidores da lacase. Jornal de Biotecnologia, 78(2), 193-199.

Jung, H., Xu, F., & Li, K. (2002). Purificação e caraterização da lacase do fungo *Trichophyton rubrum* LKY-7, que degrada a madeira. Enzyme and Microbial Technology, 30(2), 161-168.

Jurado, M., Prieto, A., Martínez-Alcalá, Á., Martínez, Á. T., & Martínez, M. J. (2009). Desintoxicação por lacase da palha de trigo explodida por vapor para bioetanol de segunda geração. Bioresource technology, 100(24), 6378-6384.

Kaal, E. E., de Jong, E. D., & Field, J. A. (1993). Estimulação da atividade da peroxidase ligninolítica por nutrientes azotados no fungo da podridão branca *Bjerkandera* sp. estirpe BOS55. Applied and environmental microbiology, 59(12), 4031-4036.

Kachlishvili, E., Penninckx, M. J., Tsiklauri, N., & Elisashvili, V. (2006). Effect of nitrogen source on lignocellulolytic enzyme production by white-rot basidiomycetes under solid-state cultivation. Jornal Mundial de Microbiologia e Biotecnologia, 22(4), 391-397.

Kahraman, S. S., & Gurdal, I. H. (2002). Efeito de meios de cultura sintéticos e naturais na produção de lacase por fungos de podridão branca. Bioresource Technology, 82(3), 215-217.

Kalyani, D., Dhiman, S. S., Kim, H., Jeya, M., Kim, I. W., & Lee, J. K. (2012). Caracterização de uma nova lacase da *Coltricia perennis* isolada e sua aplicação à desintoxicação de biomassa. Process Biochemistry, 47(4), 671-678.

Karp, S. G., Faraco, V., Amore, A., Birolo, L., Giangrande, C., Soccol, V. T., ... & Soccol, C. R. (2012). Caracterização das isoformas de lacase produzidas por *Pleurotus ostreatus* na fermentação em estado sólido do bagaço de cana-de-açúcar. Bioresource technology, 114, 735-739.

Karp, S. G., Faraco, V., Amore, A., Letti, L. A. J., Thomaz Soccol, V., & Soccol, C. R. (2015). Otimização estatística da produção de lacase e deslignificação do bagaço de cana-de-açúcar por *Pleurotus ostreatus* em fermentação em estado sólido. BioMed research international, 2015.

Kennedy, M., & Krouse, D. (1999). Estratégias para melhorar o desempenho do meio de fermentação: uma revisão. Journal of Industrial Microbiology and Biotechnology, 23(6), 456-475.

Kerem, Z., Friesem, D., & Hadar, Y. (1992). Degradação da lignocelulose durante a fermentação em estado sólido: *Pleurotus ostreatus* versus *Phanerochaete chrysosporium*. Applied and environmental microbiology, 58(4), 1121-1127.\

Kersten, P. J., Kalyanaraman, B., Hammel, K. E., Reinhammar, B., & Kirk, T. K. (1990). Comparação de lignina peroxidase, horseradish peroxidase e laccase na oxidação de metoxibenzenos. Biochemical Journal, 268(2), 475-480.

Kersten, P., & Cullen, D. (2007). Sistemas oxidativos extracelulares do Basidiomiceto *Phanerochaete chrysosporium* degradador de lignina. Fungal Genetics and Biology, 44(2), 77-87.

Khuri, A. I., & Cornell, J. A. (1996). Response surfaces: designs and analyses (Vol. 152). CRC press.

Kilaru, S., Hoegger, P. J., & Kües, U. (2006). A família multigénica da lacase em *Coprinopsis cinerea* tem dezassete membros diferentes que se dividem em duas subfamílias distintas. Current genetics, 50(1), 45-60.

Kim, S., & Dale, B. E. (2004). Global potential bioethanol production from wasted crops and crop residues. Biomass and Bioenergy, 26(4), 361-375.

Kirk, T. K., & Cullen, D. (1998). Enzimologia e genética molecular da degradação da madeira por fungos de podridão branca. Environmentally friendly technologies for the pulp and paper industry. Wiley, Nova Iorque, 273-307.

Kirk, T. K., & Farrell, R. L. (1987). Enzymatic" combustion": the microbial degradation of lignin. Annual Reviews in Microbiology, 41(1), 465-501.

Kirk, T. K., Tien, M., Kersten, P. J., Kalyanaraman, B., Hammel, K. E., & FARRELL, R. (1990). Lignina peroxidase de fungos: *Phanerochaete chrysosporium*. Methods in enzymology, 188, 159-171.

Ko, E. M., Leem, Y. E., & Choi, H. (2001). Purificação e caraterização de isozimas de lacase do basidiomiceto de podridão branca *Ganoderma lucidum*. Applied microbiology and biotechnology, 57(1-2), 98-102.

Koroljova, O. V., Stepanova, E. V., Gavrilova, V. P., Biniukov, V. I., Jaropolov, A. I., Varfolomeyev, S. D., ... & Otto, A. (1999). Laccase of *Coriolus zonatus*. Applied biochemistry and biotechnology, 76(2), 115-127.

Kramer, K. J., Kanost, M. R., Hopkins, T. L., Jiang, H., Zhu, Y. C., Xu, R., ... & Turecek, F. (2001). Conjugação oxidativa de catecóis com proteínas em sistemas esqueléticos de insectos. Tetrahedron, 57(2), 385-392.

Krogh, K. B. R., & Olsson, L. (2008). Biomass degrading enzymes from *Penicillium-cloning* and characterization (Doctoral dissertation, Technical University of DenmarkDanmarks Tekniske Universitet, Department of Systems BiologyInstitut for Systembiologi, Center for Microbial Biotechnology Center for Mikrobiel Bioteknologi).

Kumar, S., & Mishra, A. (2011). Otimização da produção de lacase a partir de WRF-1 em casca de amendoim e biomassa de cianobactérias: Por aplicação do desenho experimental Box-Behnken. Journal of Microbiology and Biotechnology Resources, 1, 33-53.

Kumari, H. L., & Sirsi, M. (1972). Purificação e propriedades da lacase de *Ganoderma lucidum*. Archiv für Mikrobiologie, 84(4), 350-357.

Kunamneni, A., Ballesteros, A., Plou, F. J., & Alcalde, M. (2007). Fungal laccase-a versatile enzyme for biotechnological applications. Comunicação da investigação atual e tópicos e tendências educacionais em microbiologia aplicada, 1, 233-245.

Kunamneni, A., Camarero, S., García-Burgos, C., Plou, F. J., Ballesteros, A., & Alcalde, M. (2008). Engenharia e aplicações de laccases fúngicas para síntese orgânica. Fábricas de células microbianas, 7(1), 1.

Kurisawa, M., Chung, J. E., Uyama, H., & Kobayashi, S. (2003). Síntese catalisada por lacase e propriedade antioxidante de poli (catequina). Macromolecular Bioscience, 3(12), 758-764.

Kuwahara, M., Glenn, J. K., Morgan, M. A., & Gold, M. H. (1984). Separação e caraterização de duas oxidases extracelulares H O_{22} - dependentes de culturas ligninolíticas de *Phanerochaete chrysosporium*. FEBS letters, 169(2), 247-250.

Laemmli, U. K. (1970). Clivagem de proteínas estruturais durante a montagem da cabeça do bacteriófago T4. nature, 227, 680-685.

Lang, E., Gonser, A., & Zadrazil, F. (2000). Influência da temperatura de incubação na atividade de enzimas ligninolíticas em solo estéril por *Pleurotus* sp. e *Dichomitus squalens*. Journal of basic microbiology, 40(1), 33-39.

Leatham, G. F., & Stahmann, M. A. (1981). Studies on the laccase of Lentinus edodes: specificity, localization and association with the development of fruiting bodies. *Microbiology, 125*(1), 147-157.

Leonowicz, A., Cho, N., Luterek, J., Wilkolazka, A., Wojtas-Wasilewska, M., Matuszewska, A., ... & Rogalski, J. (2001). Fungal laccase: properties and activity on lignin. Journal of basic microbiology, 41(3-4), 185-227.

Leontievsky, A., Myasoedova, N., Pozdnyakova, N., & Golovleva, L. (1997). A lacase amarela de *Panus tigrinus* oxida substratos não-fenólicos sem mediadores de transferência de electrões. FEBS letters, 413(3), 446-448.

Levin, L., & Forchiassin, F. (2001). Enzimas ligninolíticas do basidiomiceto *Trametes trogii*. Ata Biotechnologica, 21(2), 179-186.

Levin, L., Herrmann, C., & Papinutti, V. L. (2008). Otimização da produção de enzimas lignocelulolíticas pelo fungo de podridão branca *Trametes trogii* em fermentação em estado sólido utilizando a metodologia de superfície de resposta. Biochemical Engineering Journal, 39(1), 207-214.

Levin, L., Papinutti, L., & Forchiassin, F. (2004). Avaliação de fungos argentinos de podridão branca quanto à sua capacidade de produzir enzimas modificadoras de lignina e descolorir corantes industriais. Bioresource Technology, 94(2), 169-176.

Li, X., Lin, X., Yin, R., Wu, Y., Chu, H., Zeng, J., & Yang, T. (2010). Otimização da oxidação de benzo [a] pireno mediada por lacase e aplicação bioremedial em solos contaminados com hidrocarbonetos aromáticos policíclicos envelhecidos. Journal of Health Science, 56(5), 534-540.

Liu, L., Lin, Z., Zheng, T., Lin, L., Zheng, C., Lin, Z., ... & Wang, Z. (2009). Otimização da fermentação e caraterização da lacase da estirpe 10969 de *Pleurotus ostreatus*. Enzyme and Microbial Technology, 44(6), 426-433.

López-Perez, M., Loera, O., Guerrero-Olazarán, M., Viader-Salvadó, J. M., Gallegos-López, J. A., Fernández, F. J., ... & Viniegra-González, G. (2010). Crescimento celular e produção de lacase de *Trametes versicolor* em *Pichia pastoris* transformada cultivada por fermentações em estado sólido ou submersas. Journal of chemical technology and biotechnology, 85(4), 435-440.

Lorenzo, M., Moldes, D., Couto, S. R., & Sanroman, A. (2002). Melhoria da produção de lacase através da utilização de diferentes resíduos lignocelulósicos em culturas submersas de *Trametes versicolor*. Bioresource Technology, 82(2), 109-113.

Lowry, O. H., Rosebrough, N. J., Farr, A. L., & Randall, R. J. (1951). Protein measurement with the Folin phenol reagent. Journal of Biological Chemistry, 193(1), 265-275.

Lu, L., Zhao, M., Zhang, B. B., Yu, S. Y., Bian, X. J., Wang, W., & Wang, Y. (2007). Purificação e caraterização da lacase de *Pycnoporus sanguineus* e descoloração de um corante de antraquinona pela enzima. Applied Microbiology and Biotechnology, 74(6), 1232-1239.

Luna-Acosta, A., Rosenfeld, E., Amari, M., Fruitier-Arnaudin, I., Bustamante, P., & Thomas-Guyon, H. (2010). Primeira evidência de atividade de lacase na ostra do Pacífico *Crassostrea gigas*. Fish & shellfish immunology, 28(4), 719-726.

Madhavi, V., & Lele, S. S. (2009). Laccase: propriedades e aplicações. BioResources, 4(4), 1694-1717.

Mahesh, M. S., & Mohini, M. (2013). Tratamento biológico de resíduos de culturas para alimentação de ruminantes: A review. Jornal Africano de Biotecnologia, 12(27).

Malliga, P., Uma, L., & Subramanian, G. (1996). Atividade lignolítica da cianobactéria *Anabaena azollae* ML2 e o valor dos resíduos de fibra de coco como veículo para o biofertilizante BGA. Microbios, 86(348), 175-183.

Mansur, M., Arias, M. E., Copa-Patiño, J. L., Flärdh, M., & González, A. E. (2003). O fungo da podridão branca *Pleurotus ostreatus* segrega isozimas de lacase com diferentes especificidades de substrato. Mycologia, 95(6), 1013-1020.

Markussen, E. K., & Jensen, P. E. (2006). Estabilização de grânulos com compostos activos. WO2006053564 A2.

Marques de Souza, C. G., & Peralta, R. M. (2003). Purificação e caraterização da principal lacase produzida pelo fungo da podridão branca *Pleurotus pulmonarius* em meio sólido de farelo de trigo. Journal of basic microbiology, 43(4), 278-286.

Marzorati, M., Danieli, B., Haltrich, D., & Riva, S. (2005). Oxidação selectiva de derivados de açúcares mediada por lacases. Green Chemistry, 7(5), 310-315.

Mathiasen, T. E. (1995). Laccase e armazenamento de cerveja. Aplicação internacional PCT, WO, 9521240, A2.

Mathur, G., Mathur, A., Sharma, B. M., & Chauhan, R. S. (2013). Produção aprimorada de lacase de *Coriolus* sp. usando o design Plackett-Burman. Journal of Pharmacy Research, 6(1), 151-154.

Mayer, A. M. (1986). Polyphenol oxidases in plants-recent progress. Phytochemistry, 26(1), 11-20.

Mayer, A. M., & Staples, R. C. (2002). Laccase: novas funções para uma enzima antiga. Phytochemistry, 60(6), 551-565.

Mendoza, L., Ibrahim, V., Teresa &Alvarez, M., Hatti-Kaul, R., & Mamo, G. (2014). Produção de lacase por *Galerina* sp. e sua aplicação na descoloração de corantes. Journal of Yeast and Fungal Research, 5(2), 13-22.

Messerschmidt, A. (1998). Sítios metálicos em pequenas proteínas de cobre azul, oxidases de cobre azul e enzimas contendo vanádio. Em Metal Sites in Proteins and Models Redox Centres (pp. 37-68). Springer Berlin Heidelberg.

Messerschmidt, A., & Huber, R. (1990). The blue oxidases, ascorbate oxidase, laccase and ceruloplasmin Modelling and structural relationships. European Journal of Biochemistry, 187(2), 341-352.

Meza, J. C., Sigoillot, J. C., Lomascolo, A., Navarro, D., & Auria, R. (2006). Novo processo de deslenhificação fúngica do bagaço de cana-de-açúcar e produção simultânea de lacase num bioreactor em fase de vapor. Journal of Agricultural and Food Chemistry, 54(11), 3852-3858.

Michniewicz, A., Ledakowicz, S., Ullrich, R., & Hofrichter, M. (2008). Cinética da descoloração enzimática de corantes têxteis por lacase de *Cerrena unicolor*. Dyes and Pigments, 77(2), 295-302.

Mikiashvili, N., Elisashvili, V., Wasser, S., & Nevo, E. (2005). As fontes de carbono e nitrogênio influenciam a atividade da enzima ligninolítica de *Trametes versicolor*. Biotechnology Letters, 27(13), 955-959.

Mikiashvili, N., Wasser, S. P., Nevo, E., & Elisashvili, V. (2006). Effects of carbon and nitrogen sources on *Pleurotus ostreatus* ligninolytic enzyme activity. Jornal Mundial de Microbiologia e Biotecnologia, 22(9), 999-1002.

Mikolasch, A., Wurster, M., Lalk, M., Witt, S., Seefeldt, S., Hammer, E., ... & Lindequist, U. (2008). Síntese enzimática e atividade de novos antibióticos β-lactâmicos. Parte 3. Novos antibióticos β-lactâmicos sintetizados por aminação de catecóis usando lacase fúngica. ChemInform, 39(51).

Min, K. L., Kim, Y. H., Kim, Y. W., Jung, H. S., & Hah, Y. C. (2001). Caracterização de uma nova lacase produzida pelo fungo *Phellinus ribis* que apodrece a madeira. Archives of Biochemistry and Biophysics, 392(2), 279-286.

Minussi, R. C., Pastore, G. M., & Durán, N. (2002). Potenciais aplicações da lacase na indústria alimentar. Trends in Food Science & Technology, 13(6), 205-216.

Minussi, R. C., Pastore, G. M., & Durán, N. (2007). Indução de lacase em fungos e sistemas mediadores lacase/N-OH aplicados em efluentes de fábricas de papel. Bioresource Technology, 98(1), 158-164.

Minussi, R. C., Rossi, M., Bologna, L., Rotilio, D., Pastore, G. M., & Durán, N. (2007). Remoção de fenóis em mostos: estratégia para a estabilização do vinho por lacase. Journal of Molecular Catalysis B: Enzymatic, 45(3), 102-107.

Mishra, A., Kumar, S., & Kumar, S. (2008). Aplicação do desenho experimental Box-Benhken para otimização da produção de lacase por *Coriolus versicolor* MTCC138 em fermentação em estado sólido. Journal of Scientific and Industrial Research, 67(12), 1098-1107.

Mishra, S., & Bisaria, V. S. (2006). Produção e caraterização de lacase de *Cyathus bulleri* e sua utilização na descoloração de corantes têxteis recalcitrantes. Applied microbiology and biotechnology, 71(5), 646-653.

Missall, T. A., Moran, J. M., Corbett, J. A., & Lodge, J. K. (2005). Respostas distintas ao stress de duas lacases funcionais em *Cryptococcus neoformans* são reveladas na ausência do antioxidante específico de tiol Tsa1. Eukaryotic Cell, 4(1), 202-208.

Moilanen, U., Kellock, M., Galkin, S., & Viikari, L. (2011). A modificação catalisada por lacase da lignina para hidrólise enzimática. Enzyme and microbial technology, 49(6), 492-498.

Moilanen, U., Osma, J. F., Winquist, E., Leisola, M., & Couto, S. R. (2010). Descoloração de banhos simulados de corantes têxteis por lacases brutas de *Trametes hirsuta* e *Cerrena unicolor*. Engenharia em Ciências da Vida, 10(3), 242-247.

Montoya, S., Sánchez, O. J., & Levin, L. (2015). Produção de enzimas lignocelulolíticas de três fungos de podridão branca por fermentação em estado sólido e modelagem matemática. Jornal Africano de Biotecnologia, 14(15), 1304-1317.

Moo-Young, M., Moreira, A. R., & Tengerdy, R. P. (1983). Princípios da fermentação em substrato sólido. Os fungos filamentosos, 4(S E).

More, S. S., PS, R., & Malini, S. (2011). Isolamento, purificação e caraterização da lacase fúngica de *Pleurotus* sp. Pesquisa enzimática, 2011.

Morozova, O. V., Shumakovich, G. P., Gorbacheva, M. A., Shleev, S. V., & Yaropolov, A. I. (2007). Lacases "azuis". Biochemistry (Moscovo), 72(10), 1136-1150.

Munoz, C., Guillen, F., Martinez, A. T., & Martinez, M. J. (1997a). Indução e caraterização da lacase no fungo ligninolítico *Pleurotus eryngii*. Current microbiology, 34(1), 1-5.

Munoz, C., Guillén, F., Martinez, A. T., & Martínez, M. J. (1997b). Isoenzimas laccase de *Pleurotus eryngii*: caraterização, propriedades catalíticas e participação na ativação do oxigénio molecular e na oxidação do Mn2+. Applied and Environmental Microbiology, 63(6), 2166-2174.

Murugesan, K., Arulmani, M., Nam, I. H., Kim, Y. M., Chang, Y. S., & Kalaichelvan, P. T. (2006). Purificação e caraterização da lacase produzida por um fungo da podridão branca *Pleurotus sajor-caju* em condições de cultura submersa e seu potencial na descoloração de corantes azo. Microbiologia Aplicada e Biotecnologia, 72(5), 939-946.

Murugesan, K., Kim, Y. M., Jeon, J. R., & Chang, Y. S. (2009). Efeito dos iões metálicos na descoloração de corantes reactivos por lacase de *Ganoderma lucidum*. Journal of hazardous materials, 168(1), 523-529.

Myasoedova, N. M., Chernykh, A. M., Psurtseva, N. V., Belova, N. V., & Golovleva, L. A. (2008). Novos produtores eficientes de lacases fúngicas. Applied Biochemistry and Microbiology, 44(1), 73-77.

Nagadesi, P. K., & Arya, A. (2013). Combustão enzimática por enzimas ligninolíticas de fungos lignicolous. Jornal da universidade de Kathmandu de ciência, engenharia e tecnologia, 9, 60-67.

Nagai, M., Sato, T., Watanabe, H., Saito, K., Kawata, M., & Enei, H. (2002). Purificação e caraterização de uma lacase extracelular do cogumelo comestível *Lentinula edodes*, e descoloração de corantes quimicamente diferentes. Applied Microbiology and Biotechnology, 60(3), 327-335.

Nasreen, Z., Usman, S., Yasmeen, A., Nazir, S., Yaseen, T., Ali, S., & Ahmad, S. (2015). Produção de Enzima Laccase por Basidomicetos *Coriolus versicolor* através de Fermentação em Estado Sólido. Revista Internacional de Microbiologia Atual e Ciências Aplicadas, 4(8), 1069-1078.

Naveena, B. J., Altaf, M., Bhadriah, K., & Reddy, G. (2005). Seleção dos componentes do meio através do método Plackett-Burman para a produção de ácido L (+) lático por *Lactobacillus amylophilus* GV6 em SSF utilizando farelo de trigo. Bioresource technology, 96(4), 485-490.

Neifar, M., Kamoun, A., Jaouani, A., Ellouze-Ghorbel, R., & Ellouze-Chaabouni, S. (2011). Aplicação de desenhos assimétricos e de hoke para otimização da produção de lacase pelo fungo de podridão branca *Fomes fomentarius* em fermentação em estado sólido. Enzyme research, 2011.

Nemec, T., & Jernejc, K. (2002). Influência de Tween 80 no metabolismo lipídico de uma estirpe de *Aspergillus niger*. Applied biochemistry and biotechnology, 101(3), 229-238.

Nicole, M., Chamberland, H., Geiger, J. P., Lecours, N., Valero, J., Rio, B., & Ouellette, G. B. (1992). Immunocytochemical localization of laccase L1 in wood decayed by Rigidoporus lignosus. Applied and environmental microbiology, 58(5), 1727-1739.

Nicole, M., Chamberland, H., Rioux, D., Lecours, N., Rio, B., Geiger, J. P., & Ouellette, G. B. (1993). Um estudo citoquímico de bainhas extracelulares associadas a *Rigidoporus lignosus* durante a decomposição da madeira. Applied and environmental microbiology, 59(8), 2578-2588.

Niedermeyer, T. H., & Lalk, M. (2007). Aminação nuclear catalisada por lacases fúngicas: Comparação da aminação catalisada por lacase com rotas químicas conhecidas para aminoquinonas. Journal of Molecular Catalysis B: Enzymatic, 45(3), 113-117.

Niedermeyer, T. H., Mikolasch, A., & Lalk, M. (2005). Aminação nuclear catalisada por lacases fúngicas: produtos de reação de p-hidroquinonas e aminas aromáticas primárias. The Journal of organic chemistry, 70(6), 2002-2008.

Niladevi, K. N., & Prema, P. (2008). Efeito de indutores e parâmetros de processo na produção de lacase por *Streptomyces psammoticus* e sua aplicação na descoloração de corantes. Bioresource technology, 99(11), 4583-4589.

Niladevi, K. N., Sukumaran, R. K., & Prema, P. (2007). Utilização de palha de arroz para a produção de lacase por *Streptomyces psammoticus* em fermentação em estado sólido. Jornal de microbiologia industrial e biotecnologia, 34(10), 665-674.

Okino, L. K., Machado, K. M. G., Fabris, C., & Bononi, V. L. R. (2000). Ligninolytic activity of tropical rainforest basidiomycetes. Revista Mundial de Microbiologia e Biotecnologia, 16(8-9), 889-893.

Olsson, L., & Hahn-Hägerdal, B. (1996). Fermentação de hidrolisados lignocelulósicos para a produção de etanol. Enzyme and Microbial technology, 18(5), 312-331.

Orth, A. B., Royse, D. J., & Tien, M. I. N. G. (1993). Ubiquidade das peroxidases que degradam a lignina entre vários fungos que degradam a madeira. Applied and Environmental Microbiology, 59(12), 4017-4023.

Oshoma, C. E., Imarhiagbe, E. E., Ikenebomeh, M. J., & Eigbaredon, H. E. (2010). Efeito de suplementos de azoto na produção de amilase por *Aspergillus niger* utilizando meio de soro de mandioca. Jornal Africano de Biotecnologia, 9(5).

Osiadacz, J., Al-Adhami, A. J., Bajraszewska, D., Fischer, P., & Peczyñska-Czoch, W. (1999). Sobre a utilização da lacase de *Trametes versicolor* para a conversão do ácido 4-metil-3-hidroxiantranílico em cromóforo de actinocina. Jornal de biotecnologia, 72(1), 141-149.

Osma, J. F., Herrera, J. L. T., & Couto, S. R. (2007). Pele de banana: Um novo resíduo para a produção de lacase por *Trametes pubescens* em condições de estado sólido. Aplicação na descoloração de corantes sintéticos. Corantes e Pigmentos, 75(1), 32-37.

Paice, M. G., Reid, I. D., Bourbonnais, R., Archibald, F. S., & Jurasek, L. (1993). A peroxidase de manganês, produzida por *Trametes versicolor* durante o branqueamento da polpa, desmetiza e deslignifica a polpa kraft. Applied and Environmental Microbiology, 59(1), 260-265.

Palmeiri, G., Giardina, P., Marzullo, L., Desiderio, B., Nittii, G., Cannio, R., & Sannia, G. (1993). Estabilidade e atividade de uma fenol oxidase do fungo ligninolítico *Pleurotus ostreatus*. Applied Microbiology and Biotechnology, 39(4-5), 632-636.

Palmieri, G., Bianco, C., Cennamo, G., Giardina, P., Marino, G., Monti, M., & Sannia, G. (2001). Purificação, caraterização e papel funcional de uma nova protease extracelular de *Pleurotus ostreatus*. Applied and Environmental Microbiology, 67(6), 2754-2759.

Palmieri, G., Cennamo, G., & Sannia, G. (2005). Descoloração de Remazol Brilliant Blue R pelo fungo *Pleurotus ostreatus* e o seu sistema enzimático oxidativo. Enzyme and Microbial Technology, 36(1), 17-24.

Palmieri, G., Cennamo, G., Faraco, V., Amoresano, A., Sannia, G., & Giardina, P. (2003). Isoenzimas atípicas de lacase de culturas de *Pleurotus ostreatus* suplementadas com cobre. Enzyme and Microbial Technology, 33(2), 220-230.

Palmieri, G., Giardina, P., Bianco, C., Fontanella, B., & Sannia, G. (2000). Indução de isoenzimas de lacase pelo cobre no fungo ligninolítico *Pleurotus ostreatus*. Applied and Environmental Microbiology, 66(3), 920-924.

Palmieri, G., Giardina, P., Bianco, C., Scaloni, A., Capasso, A., & Sannia, G. (1997). Uma nova lacase branca de *Pleurotus ostreatus*. Journal of biological chemistry, 272(50), 31301-31307.

Palmore, G. T. R., & Kim, H. H. (1999). Redução electro-enzimática de dioxigénio a água no compartimento catódico de uma célula de biocombustível. Journal of Electroanalytical Chemistry, 464(1), 110-117.

Palonen, H., & Viikari, L. (2004). Papel dos tratamentos enzimáticos oxidativos na hidrólise enzimática da madeira macia. Biotecnologia e bioengenharia, 86(5), 550-557.

Palonen, H., Saloheimo, M., Viikari, L., & Kruus, K. (2003). Purificação, caraterização e análise da sequência de uma lacase do ascomiceto *Mauginiella* sp. Enzyme and Microbial Technology, 33(6), 854-862.

Panda, B. P., Javed, S., & Ali, M. (2007). Otimização do processo de fermentação. Research Journal of Microbiology, 2(3), 201-208.

Pandey, A., & Radhakrishnan, S. (1992). Biorreactor de coluna de leito empacotado para produção de enzimas. Enzyme and Microbial Technology, 14(6), 486-488.

Pandey, A., Selvakumar, P., Soccol, C. R., & Nigam, P. (1999). Solid state fermentation for the production of industrial enzymes (Fermentação em estado sólido para a produção de enzimas industriais). Ciência atual, 77(1), 149-162.

Pandey, A., Soccol, C. R., Nigam, P., Brand, D., Mohan, R., & Roussos, S. (2000). Biotechnological potential of coffee pulp and coffee husk for bioprocesses (Potencial biotecnológico da polpa e da casca de café para bioprocessos). Biochemical Engineering Journal, 6(2), 153-162.

Pannu, J. S., & Kapoor, R. K. (2015). Laccases microbianas: uma mini-revisão sobre sua produção, purificação e aplicações. Revista Internacional de Arquivo Farmacêutico ISSN: 2319-7226, 3(12).

Papinutti, V. L., Diorio, L. A., & Forchiassin, F. (2003). Produção de lacase e manganês peroxidase por *Fomes sclerodermeus* cultivado em farelo de trigo. Journal of Industrial Microbiology and Biotechnology, 30(3), 157-160.

Parkinson, N., Smith, I., Weaver, R., & Edwards, J. P. (2001). Uma nova forma de fenoloxidase artrópode é abundante no veneno da vespa parasitoide Pimpla hypochondriaca. Insect biochemistry and molecular biology, 31(1), 57-63.

Paszczyński, A., Huynh, V. B., & Crawford, R. (1985). Atividades enzimáticas de uma peroxidase extracelular dependente de manganês de *Phanerochaete chrysosporium*. FEMS Microbiology Letters, 29(1-2), 37-41.

Patel, H., & Gupte, A. (2016). Otimização de diferentes condições de cultura para maior produção de lacase e sua purificação a partir de *Tricholoma giganteum* AGHP. Bioresources and Bioprocessing, 3(1), 1-10.

Patel, H., Gupte, A., & Gupte, S. (2009). Efeito de diferentes condições de cultura e indutores na produção de lacase por um isolado fúngico basidiomiceto *Pleurotus ostreatus* HP-1 sob fermentação em estado sólido. BioResources, 4(1), 268-284.

Patidar, P., Agrawal, D., Banerjee, T., & Patil, S. (2005). Produção de quitinase por *Beauveria feline* RD 101: otimização de parâmetros em condições de fermentação em substrato sólido. Jornal Mundial de Microbiologia e Biotecnologia, 21(1), 93-95.

Patrick, F., Mtui, G., Mshandete, A. M., & Kivaisi, A. (2011). Otimização da produção de lacase e manganês peroxidase em cultura submersa de *Pleurotus sajorcaju*. Jornal Africano de Biotecnologia, 10(50), 10166-10177.

Peláez, F., Martínez, M. J., & Martinez, A. T. (1995). Triagem de 68 espécies de basidiomicetos para enzimas envolvidas na degradação da lignina. Mycological research, 99(1), 37-42.

Perez, J., & Jeffries, T. W. (1992). Papel dos quelantes de manganês e de ácidos orgânicos na regulação da degradação da lignina e na biossíntese de peroxidases por *Phanerochaete chrysosporium*. Applied and Environmental Microbiology, 58(8), 2402-2409.

Perie, F. H., & Gold, M. H. (1991). Regulação do manganês na expressão da manganês peroxidase e na degradação da lignina pelo fungo da podridão branca *Dichomitus squalens*. Applied and Environmental Microbiology, 57(8), 2240-2245.

Perry, C. R., Matcham, S. E., Wood, D. A., & Thurston, C. F. (1993). A estrutura da proteína lacase e a sua síntese pelo cogumelo comercial *Agaricus bisporus*. Journal of General Microbiology, 139(1), 171-178.

Philippoussis, A., Diamantopoulou, P., Papadopoulou, K., Lakhtar, H., Roussos, S., Parissopoulos, G., & Papanikolaou, S. (2011). Produção de biomassa, lacase e endoglucanase por *Lentinula edodes* durante a fermentação em estado sólido de resíduos de junco, talos de feijão e palha de trigo. Jornal Mundial de Microbiologia e Biotecnologia, 27(2), 285-297.

Phutela, U. G., Kalra, M., Sahni, N., & Kaur, K. (2014). Produção de enzima lignolítica por *Coriolus versicolor* MTCC 138 sob fermentação submersa e em estado sólido usando palha de arroz. Journal of Research, 51(1), 69-72.

Piacquadio, P., Stefano, G. D., Sammartino, M., & Sciancalepore, V. (1998). Estabilização do sumo de maçã por lacase (EC. 1.10. 3.2) imobilizada em suportes regeneráveis de metal-quelato. Industrie delle Bevande (Itália).

Piontek, K., Antorini, M., & Choinowski, T. (2002). Estrutura cristalina de uma lacase do fungo *Trametes versicolor* com resolução de 1,90-Å contendo um complemento completo de cobre. Journal of Biological Chemistry, 277(40), 37663-37669.

Piscitelli, A., Del Vecchio, C., Faraco, V., Giardina, P., Macellaro, G., Miele, A., ... & Sannia, G. (2011). Lacases fúngicas: ferramentas versáteis para a transformação da lignocelulose. Comptes rendus biologies, 334(11), 789-794.

Plackett, R. L., & Burman, J. P. (1946). The design of optimum multifatorial experiments. Biometrika, 33(4), 305-325.

Poddar, A., Gachhui, R., & Jana, S. C. (2012). Otimização da condição físico-química para melhorar a produção de β amilase hipertermostavel de *Bacillus subtilis* DJ5. Jornal de Tecnologia Bioquímica, 3(4), 370-374.

Poeckel, D., Niedermeyer, T. H., Pham, H. T., Mikolasch, A., Mundt, S., Lindequist, U., ... & Werz, O. (2006). Inibição da 5-lipoxigenase humana e efeitos anti-neoplásicos por 2-amino-1, 4-benzoquinonas. Química Medicinal, 2(6), 591-595.

Pointing, S. B., Jones, E. B. G., & Vrijmoed, L. L. P. (2000). Otimização da produção de lacase por *Pycnoporus sanguineus* em cultura líquida submersa. Mycologia, 139-144.

Polak, J., & Jarosz-Wilkolazka, A. (2012). Laccases fúngicas como catalisadores verdes para a síntese de corantes. Process Biochemistry, 47(9), 1295-1307.

Poojary, H., & Mugeraya, G. (2012). Produção de Laccase por Phellinus noxius hp F17: Otimização das Condições de Cultura Submersa por Metodologia de Superfície de Resposta. Pesquisa em Biotecnologia, 3(1).

Potthast, A., Rosenau, T., Chen, C. L., & Gratzl, J. S. (1995). Oxidação enzimática selectiva de grupos metilo aromáticos em aldeídos. The Journal of Organic Chemistry, 60(14), 4320-4321.

Pozdnyakova, N. N., Turkovskaya, O. V., Yudina, E. N., & Rodakiewicz-Nowak, Y. (2006). Lacase amarela do fungo *Pleurotus ostreatus* D1: Purificação e caraterização. Applied Biochemistry and microbiology, 42(1), 56-61.

Prasad, K. K., Mohan, S. V., Bhaskar, Y. V., Ramanaiah, S. V., Babu, V. L., Pati, B. R., & Sarma, P. N. (2005). Produção de lacase utilizando *Pleurotus ostreatus* 1804 imobilizado em cubos de PUF em reactores descontínuos e de leito empacotado: influência das condições de cultura. Journal of Microbiology-Seoul-, 43(3), 301.

Pratheebaa, P., Periasamy, R., & Palvannan, T. (2013). Projeto fatorial para otimização da produção de lacase de *Pleurotus ostreatus* IMI 395545 e descoloração de corante sintético mediada por lacase. Indian Journal of Biotechnology, 12, 236-245.

Radhika, R., Jebapriya, G. R., & Gnanadoss, J. J. (2014). Decolourização de corantes têxteis sintéticos usando os fungos de cogumelos comestíveis *Pleurotus*. Jornal Paquistanês de Ciências Biológicas, 17(2), 248.

Raiskila, S. (2008). O efeito do teor de lignina e da modificação da lignina nas propriedades da madeira de abeto norueguês e na resistência à decomposição.

Rajendran, K., Annuar, M. S. M., & Karim, M. A. A. (2011). Otimização dos níveis de nutrientes para a fermentação da lacase utilizando técnicas estatísticas. Jornal Ásia-Pacífico de Biologia Molecular e Biotecnologia, 19(2), 73-81.

Ramírez-Cavazos, L. I., Junghanns, C., Ornelas-Soto, N., Cárdenas-Chávez, D. L., Hernández-Luna, C., Demarche, P., ... & Parra, R. (2014). Purificação e caraterização de duas laccases termoestáveis de *Pycnoporus sanguineus* e papel potencial na degradação de produtos químicos desreguladores endócrinos. Journal of Molecular Catalysis B: Enzymatic, 108, 32-42.

Rao, U.M.J.L., & Satyanarayana, T. (2003). Otimização estatística de uma produção de α-amilase com elevada formação de maltose, hipertermostabilidade e independente de Ca2+ por um termófilo extremo *Geobacillus thermoleovorans* utilizando a metodologia de superfície de resposta. Journal of Applied Microbiology, 95(4), 712-718.

Rashad, M. M., Abdou, H. M., Shousha, W. G., Ali, M. M., & El-Sayed, N. N. (2010). Purificação e caraterização da poligalacturonase extracelular de *Pleurotus ostreatus* utilizando resíduos de limonium de citrinos. Jornal de investigação em ciências aplicadas, 6(1), 81-88.

Ratanapongleka, K., & Phetsom, J. (2014). Descoloração de corantes sintéticos por Laccase bruto de *Lentinus Polychrous* Lev. Jornal Internacional de Engenharia Química e Aplicações, 5 (1), 26.

Ravikumar, G., Gomathi, D., Kalaiselvi, M., & Uma, C. (2012). Produção, purificação e caraterização parcial da lacase do cogumelo *Hypsizygus ulmarius*. Jornal Internacional de Ciências Farmacêuticas e Biológicas, 3, 355-365.

Reddy, G. V., Babu, P. R., Komaraiah, P., Roy, K. R. R. M., & Kothari, I. L. (2003). Utilização de resíduos de banana para a produção de enzimas lignolíticas e celulolíticas por fermentação de substrato sólido usando duas espécies de *Pleurotus* (*P. ostreatus* e *P. sajor-caju*). Process Biochemistry, 38(10), 1457-1462.

Reid, I. D. (1995). Biodegradação da lignina. Canadian Journal of Botany, 73(S1), 1011-1018.

Rencoret, J., Aracri, E., Gutiérrez, A., José, C., Torres, A. L., Vidal, T., & Martínez, A. T. (2014). Insights estruturais sobre o biografting de lacase de ácido ferúlico em fibras lignocelulósicas. Biochemical Engineering Journal, 86, 16-23.

Renzetti, S., Courtin, C. M., Delcour, J. A., & Arendt, E. K. (2010). Preparações enzimáticas oxidativas e proteolíticas como melhoradores promissores para formulações de pão de aveia: antecedentes reológicos, bioquímicos e microestruturais. Food Chemistry, 119(4), 1465-1473.

Revankar, M. S., & Lele, S. S. (2006). Aumento da produção de lacase extracelular pelo fungo da podridão branca *Coriolus versicolor* MTCC 138. Jornal Mundial de Microbiologia e Biotecnologia, 22(9), 921-926.

Rezaei, P. S., Darzi, G. N., & Shafaghat, H. (2010). Otimização das condições de fermentação e caraterização parcial da α-amilase ácido-termofílica de *Aspergillus niger* NCIM 548. Jornal Coreano de Engenharia Química, 27(3), 919-924.

Rico, A., Rencoret, J., del Río, J. C., Martínez, A. T., & Gutiérrez, A. (2014). O pré-tratamento com lacase e um mediador fenólico degrada a lignina e melhora a sacarificação da matéria-prima do eucalipto. Biotecnologia para biocombustíveis, 7(1), 1.

Risdianto, H., Sofianti, E., Suhardi, S. H., & Setiadi, T. (2012). Otimização da Produção de Laccase utilizando Fungos de Podridão Branca e Resíduos Agrícolas em Fermentação em Estado Sólido. Jornal de Engenharia e Ciências Tecnológicas, 44(2), 93-105.

Riva, S. (2006). Laccases: enzimas azuis para a química verde. TRENDS in Biotechnology, 24(5), 219-226.

Rodakiewicz-Nowak, J., Kasture, S. M., Dudek, B., & Haber, J. (2000). Efeito de vários solventes miscíveis com água na atividade enzimática de lacases fúngicas. Journal of Molecular Catalysis B: Enzymatic, 11(1), 1-11.

Rodríguez-Delgado, M. M., Alemán-Nava, G. S., Rodríguez-Delgado, J. M., Dieck-Assad, G., Martínez-Chapa, S. O., Barceló, D., & Parra, R. (2015). Biossensores baseados em lacase para deteção de compostos fenólicos. TrAC Tendências em Química Analítica, 74, 21-45.

Rosales, E., Couto, S. R., & Sanromán, M. A. (2005). Reutilização de resíduos do processamento de alimentos para a produção de metabolitos relevantes: aplicação à produção de lacase por *Trametes hirsuta*. Jornal de Engenharia Alimentar, 66(4), 419-423.

Rüttimann-Johnson, C., Salas, L., Vicuña, R., & Kirk, T. K. (1993). Produção de enzimas extracelulares e mineralização de lignina sintética por *Ceriporiopsis subvermispora*. Applied and environmental microbiology, 59(6), 1792-1797.

Sadhasivam, S., Savitha, S., Swaminathan, K., & Lin, F. H. (2008). Produção, purificação e caraterização de lacase de potencial mid-redox de um *Trichoderma harzianum* WL1 recentemente isolado. Process Biochemistry, 43(7), 736-742.

Saha, B. C., Dien, B. S., & Bothast, R. J. (1998). Fuel ethanol production from corn fiber current status and technical prospects. Em Biotechnology for Fuels and Chemicals (Biotecnologia para Combustíveis e Produtos Químicos) (pp. 115-125). Humana Press.

Saha, B. C., Iten, L. B., Cotta, M. A., & Wu, Y. V. (2005). Pré-tratamento com ácido diluído, sacarificação enzimática e fermentação da palha de trigo em etanol. Process Biochemistry, 40(12), 3693-3700.

Sahay, R., Yadav, R. S. S., & Yadav, K. D. S. (2008). Purificação e caraterização da lacase extracelular segregada por *Pleurotus sajor-caju* MTCC 141. Jornal Chinês de Biotecnologia, 24(12), 2068-2073.

Sahay, R., Yadav, R. S. S., & Yadav, K. D. S. (2009). Purificação e caraterização da lacase secretada por *L. lividus*. Applied biochemistry and biotechnology, 157(2), 311-320.

Sahay, R., Yadav, R. S. S., Yadava, S., & Yadav, K. D. S. (2012). Uma lacase de *Fomes durissimus* MTCC-1173 e seu papel na conversão de metilbenzeno em benzaldeído. Bioquímica Aplicada e Biotecnologia, 166(3), 563-575.

Sahoo, D. K., & Gupta, R. (2005). Avaliação de microrganismos ligninolíticos para a descoloração eficiente de um efluente de uma pequena fábrica de papel e celulose. Process Biochemistry, 40(5), 1573-1578.

Saito, T., Hong, P., Kato, K., Okazaki, M., Inagaki, H., Maeda, S., & Yokogawa, Y. (2003). Purificação e caraterização de uma lacase extracelular de um fungo (família *Chaetomiaceae*) isolado do solo. Enzyme and Microbial Technology, 33(4), 520-526.

Sambrook, J., Fritsch, E. F., & Maniatis, T. (2000). Molecular cloning: A laboratory manual, Nova Iorque: Cold spring harbor laboratory press.

Sannia, G., Giardina, P., Luna, M., Rossi, M., & Buonocore, V. (1986). Laccase from *Pleurotus ostreatus*. Biotechnology Letters, 8(11), 797-800.

Saparrat, M. C., Guillén, F., Arambarri, A. M., Martínez, A. T., & Martínez, M. J. (2002). Indução, isolamento e caraterização de duas laccases do basidiomiceto *Coriolopsis rigida*. Applied and Environmental Microbiology, 68(4), 1534-1540.

Sathishkumar, P., & Palvannan, T. (2013). Purificação e Caracterização da Laccase de *Pleurotus florida* (L1) envolvida na descoloração do remazol azul brilhante R (RBBR). Journal of Environmental Treatment Techniques, 1(1), 24-34.

Sathishkumar, P., Murugesan, K., & Palvannan, T. (2010). Produção de lacase a partir de *Pleurotus florida* utilizando resíduos agrícolas e descoloração eficiente de Reactive blue 198. Jornal de microbiologia básica, 50(4), 360-367.

Sayara, T., Borràs, E., Caminal, G., Sarrà, M., & Sánchez, A. (2011). Biorremediação de solo contaminado com PAHs através de compostagem: Influência da bioaugmentação e bioestimulação na biodegradação de contaminantes. International Biodeterioration & Biodegradation, 65(6), 859-865.

Sayyad, S. A., Panda, B. P., Javed, S., & Ali, M. (2007). Otimização dos parâmetros nutricionais para a produção de lovastatina por *Monascus purpureus* MTCC 369 em fermentação submersa utilizando a metodologia de superfície de resposta. Applied Microbiology and Biotechnology, 73(5), 1054-1058.

Schliephake, K., Mainwaring, D. E., Lonergan, G. T., Jones, I. K., & Baker, W. L. (2000). Transformação e degradação do corante disazo Chicago Sky Blue por uma lacase purificada de *Pycnoporus cinnabarinus*. Enzyme and Microbial Technology, 27(1), 100-107.

Schlosser, D., & Hofer, C. (2002). Oxidação de Mn2+ catalisada por lacase na presença de quelantes naturais de Mn3+ como uma nova fonte de produção extracelular de $H\,O_{22}$ e seu impacto na manganês peroxidase. Applied and Environmental Microbiology, 68(7), 3514-3521.

Schlosser, D., Grey, R., & Fritsche, W. (1997). Padrões de enzimas ligninolíticas em *Trametes versicolor*. Distribuição das actividades enzimáticas extra e intracelulares durante o cultivo em glucose, palha de trigo e madeira de faia. Microbiologia Aplicada e Biotecnologia, 47(4), 412-418.

Schuckel, J., Matura, A., & Van Pee, K. H. (2011). Enzima relacionada com uma lacase de cobre de *Marasmius* sp: Purificação, caraterização e branqueamento de corantes têxteis. Enzyme and microbial technology, 48(3), 278-284.

Schwede, T., Kopp, J., Guex, N., & Peitsch, M. C. (2003). SWISS-MODEL: um servidor automatizado de modelação de homologia de proteínas. Nucleic acids research, 31(13), 3381-3385.

Scott, S. L., Chen, W. J., Bakac, A., & Espenson, J. H. (1993). Parâmetros espectroscópicos, potenciais de elétrodo, constantes de ionização ácida e taxas de troca de electrões dos radicais e iões 2, 2'-azinobis (3-etilbenzotiazolina-6-sulfonato). The Journal of Physical chemistry, 97(25), 6710-6714.

Sedarati, M. R., Keshavarz, T., Leontievsky, A. A., & Evans, C. S. (2003). Transformação de altas concentrações de clorofenóis pelo basidiomiceto de podridão branca *Trametes versicolor* imobilizado em malha de nylon. Electronic Journal of Biotechnology, 6(2), 104-114.

Sen, R., & Swaminathan, T. (1997). Aplicação da metodologia de superfície de resposta para avaliar as condições ambientais óptimas para a produção melhorada de surfactina. Applied Microbiology and Biotechnology, 47(4), 358-363.

Senthivelan, T., Kanagaraj, J., & Panda, R. C. (2016). Tendências recentes em lacase fúngica para várias aplicações industriais: Uma abordagem ecológica - uma revisão. *Biotecnologia e Engenharia de Bioprocessos, 21*(1), 19-38.

Sharma, A., Shrivastava, B., & Kuhad, R. C. (2015). Toxicidade reduzida de verde malaquita descolorido por lacase produzida a partir de *Ganoderma* sp. rckk-02 sob fermentação em estado sólido. 3 Biotech, 5(5), 621-631.

Sharma, D. C., & Satyanarayana, T. (2006). Um aumento acentuado na produção de uma pectinase altamente alcalina e termoestável por *Bacillus pumilus* dcsr1 em fermentação submersa utilizando métodos estatísticos. Bioresource Technology, 97(5), 727-733.

Sharma, H. S. S., Whiteside, L., & Kernaghan, K. (2005). Tratamento enzimático da fibra de linho na fase de mecha para a produção de fio fiado a húmido. Enzyme and Microbial Technology, 37(4), 386-394.

Sharma, P., Goel, R., & Capalash, N. (2007). Bacterial laccases. Jornal Mundial de Microbiologia e Biotecnologia, 23(6), 823-832.

Sharma, R. K., & Arora, D. S. (2010). Produção de enzimas lignocelulolíticas e aumento da digestibilidade in vitro durante a fermentação em estado sólido da palha de trigo por *Phlebia floridensis*. Bioresource Technology, 101(23), 9248-9253.

Shekher, R., Sehgal, S., Kamthania, M., & Kumar, A. (2011). Laccase: fontes microbianas, produção, purificação e potenciais aplicações biotecnológicas. Enzyme research, 2011.

Shleev, S. V., Morozova, O. V., Nikitina, O. V., Gorshina, E. S., Rusinova, T. V., Serezhenkov, V. A., ... & Yaropolov, A. I. (2004). Comparação das caraterísticas físico-químicas de quatro laccases de diferentes basidiomicetos. Biochimie, 86(9), 693-703.

Shleev, S., Jarosz-Wilkolazka, A., Khalunina, A., Morozova, O., Yaropolov, A., Ruzgas, T., & Gorton, L. (2005). Reacções de transferência direta de electrões de lacases de diferentes origens em eléctrodos de carbono. Bioelectrochemistry, 67(1), 115-124.

Shulter, M. L., & Kargi, F. (2000). Conceito básico de engenharia de bioprocessos. Nova Deli: Parentice-Hall of India Pvt Ltd.

Singh, B., & Satyanarayana, T. (2006). Um aumento acentuado da produção de fitase por um bolor termofílico *Sporotrichum thermophile* utilizando projectos estatísticos num meio de melaço de cana rentável. Journal of applied microbiology, 101(2), 344-352.

Singh, M. P., Pandey, A. K., Vishwakarma, S. K., Srivastava, A. K., & Pandey, V. K. (2012). Produção de xilanase extracelular por espécies de *Pleurotus* em resíduos lignocelulósicos em condições in vivo usando um novo pré-tratamento. Biologia Celular e Molecular, 58(1), 170-173.

Sivakumar, R., Rajendran, R., Balakumar, C., & Tamilvendan, M. (2010). Isolamento, triagem e otimização do meio de produção para a produção de lacase termoestável de *Ganoderma* sp. International Journal of Engineering Science and Technology, 2(12), 7133-7141.

Sjöström, E. (1993). Química da madeira: fundamentos e aplicações. Gulf Professional Publishing.

Soden, D. M., & Dobson, A. D. (2001). Regulação diferencial da expressão do gene da lacase em *Pleurotus sajor-caju*. Microbiology, 147(7), 1755-1763.

Solomon, E. I., Baldwin, M. J., & Lowery, M. D. (1992). Estruturas electrónicas de sítios activos em proteínas de cobre: contribuições para a reatividade. Chemical Reviews, 92(4), 521-542.

Solomon, E. I., Sundaram, U. M., & Machonkin, T. E. (1996). Multicopper oxidases and oxygenases. Chemical reviews, 96(7), 2563-2606.

Songulashvili, G., Elisashvili, V., Wasser, S., Nevo, E., & Hadar, Y. (2006). Laccase and manganese peroxidase activities of *Phellinus robustus* and *Ganoderma adspersum* grown on food industry waste in submerged fermentation. Biotechnology letters, 28(18), 1425-1429.

Songulashvili, G., Flahaut, S., Demarez, M., Tricot, C., Bauvois, C., Debaste, F., & Penninckx, M. J. (2016). Produção de alto rendimento em sete dias de *Coriolopsis gallica* 1184 laccase em escala de 50 L; purificação de enzimas e caraterização molecular. Biologia fúngica, 120(4), 481-488.

Songulashvili, G., Spindler, D., Jimenez-Tobon, G. A., Jaspers, C., Kerns, G., & Penninckx, M. J. (2015). Produção de um alto nível de lacase por fermentação submersa em escala de 120-L de *Cerrena unicolor* C-139 cultivada em farelo de trigo. Comptes rendus biologies, 338(2), 121-125.

Srebotnik, E., Messner, K., & Foisner, R. (1988). Penetrabilidade da madeira de pinho degradada por podridão branca pela lignina peroxidase de *Phanerochaete chrysosporium*. Applied and environmental microbiology, 54(11), 2608-2614.

Sreenath, H. K., Koegel, R. G., Moldes, A. B., Jeffries, T. W., & Straub, R. J. (1999). Sacarificação enzimática da fibra de alfafa após pré-tratamento com água quente líquida. Process Biochemistry, 35(1), 33-41.

Srinivasan, C., Dsouza, T. M., Boominathan, K., & Reddy, C. A. (1995). Demonstração de Laccase no Basidiomiceto *Phanerochaete chrysosporium* BKM-F1767 da podridão branca. Applied and Environmental Microbiology, 61(12), 4274-4277.

Srivastava, R. A. K., & Baruah, J. N. (1986). Condições de cultura para a produção de amilase termoestável por *Bacillus stearothermophilus*. Applied and Environmental Microbiology, 52(1), 179-184.

Stajić, M., Persky, L., Friesem, D., Hadar, Y., Wasser, S. P., Nevo, E., & Vukojević, J. (2006). Efeito de diferentes fontes de carbono e nitrogênio na produção de lacase e peroxidases por espécies selecionadas *de Pleurotus*. Enzyme and Microbial Technology, 38(1), 65-73.

Sterjiades, R., Dean, J. F., & Eriksson, K. E. L. (1992). Laccase from sycamore maple (*Acer pseudoplatanus*) polymerizes monolignols. Plant Physiology, 99(3), 1162-1168.

Sterjiades, R., Dean, J. F., Gamble, G., Himmelsbach, D. S., & Eriksson, K. E. L. (1993). Extracellular laccases and peroxidases from sycamore maple (*Acer pseudoplatanus*) cell-suspension cultures. Planta, 190(1), 75-87.

Stloukal, R., Watzková, J., & Gregušová, B. (2014). Descoloração de corantes por lacase imobilizada em cápsulas de hidrogel de poli (álcool vinílico) em forma de lente. Chemical Papers, 68(11), 1514-1520.

Sun, S., Zhang, Y., Que, Y., Liu, B., Hu, K., & Xu, L. (2013). Purificação e Caracterização de Laccase Fungal de *Mycena purpureofusca*. Chiang mai journal of science, 40(2), 151-160.

Suzuki, T., Endo, K., Ito, M., Tsujibo, H., Miyamoto, K., & Inamori, Y. (2003). Uma lacase termoestável de *Streptomyces lavendulae* REN-7: purificação, caraterização, sequência nucleotídica e expressão. Bioscience, biotechnology, and biochemistry, 67(10), 2167-2175.

Tekere, M., Mswaka, A. Y., Zvauya, R., & Read, J. S. (2001). Estudos de crescimento, degradação de corantes e atividade ligninolítica em fungos da podridão branca do Zimbabué. Enzyme and Microbial Technology, 28(4), 420-426.

Thakur, V. K., & Thakur, M. K. (2015). Avanços recentes em hidrogéis verdes de lignina: uma revisão. Revista internacional de macromoléculas biológicas, 72, 834-847.

Thomas, B. R., Yonekura, M., Morgan, T. D., Czapla, T. H., Hopkins, T. L., & Kramer, K. J. (1989). A trypsin-solubilized laccase from pharate pupal integument of the tobacco hornworm, *Manduca sexta*. Insect Biochemistry, 19(7), 611-622.

Thurston, C. F. (1994). The structure and function of fungal laccases. Microbiologia, 140(1), 19-26.

Tian, G. T., Zhang, G. Q., Wang, H. X., & Ng, T. B. (2012). Purificação e caraterização de uma nova lacase do cogumelo *Pleurotus nebrodensis*. Ata Biochimica Polonica, 59(3), 407.

Tien, M., & Kirk, T. K. (1983). Enzima de degradação de lignina do himenomiceto *Phanerochaete chrysosporium* Burds. Science (Washington), 221(4611), 661-662.

Toca-Herrera, J. L., Osma, J. F., & Rodriguez Couto, S. (2007). Potencial da fermentação em estado sólido para a produção de lacase. Communicating Current Research and Educational Topics and Trends in Applied Microbiology, 391-400.

Trupkin, S., Levin, L., Forchiassin, F., & Viale, A. (2003). Otimização de um meio de cultura para a produção de enzimas ligninolíticas e descoloração de corantes sintéticos utilizando a metodologia de superfície de resposta. Journal of Industrial Microbiology and Biotechnology, 30(12), 682-690.

Tuor, U., Winterhalter, K., & Fiechter, A. (1995). Enzimas de fungos de podridão branca envolvidas na degradação da lignina e determinantes ecológicos para a decomposição da madeira. Journal of Biotechnology, 41(1), 1-17.

Tzanov, T., Basto, C., Gübitz, G. M., & Cavaco-Paulo, A. (2003). Lacases para melhorar a brancura num branqueamento convencional de algodão. Macromolecular materials and engineering, 288(10), 807-810.

Van de Pas, D., Hickson, A., Donaldson, L., Lloyd-Jones, G., Tamminen, T., Fernyhough, A., & Mattinen, M. L. (2011). Caracterização de ligninas fracionadas polimerizadas por lacases fúngicas. BioResources, 6(2), 1105-1121.

Vares, T., & Hatakka, A. (1997). Atividade de degradação da lignina e enzimas ligninolíticas de diferentes fungos de podridão branca: efeitos do manganês e do malonato. Canadian journal of botany, 75(1), 61-71.

Vasconcelos, A. F. D., Barbosa, A. M., Dekker, R. F., Scarminio, I. S., & Rezende, M. I. (2000). Otimização da produção de lacase por *Botryosphaeria* sp. na presença de álcool veratrílico pelo método de superfície de resposta. Process Biochemistry, 35(10), 1131-1138.

Vazquez, M., Oliva, M., Tellez-Luis, S. J., & Ramírez, J. A. (2007). Hidrólise da palha de sorgo com ácido fosfórico: Avaliação da produção de furfural. Bioresource technology, 98(16), 3053-3060.

Vinodhini, S., Padmadevi, S. N., & Srinivasan, P. (2006). Biodegradação de fibra de coco lignocelulósica utilizando formas fúngicas. Asian

Journal of Microbiology Biotechnology and Environmental Sciences, 8(3), 499.

Virtanen, H., Vehmas, K., Erho, T., & Smolander, M. (2014). Impressão flexográfica de *Trametes versicolor* laccase para aplicações indicadoras. Packaging Technology and Science, 27(10), 819-830.

Wang, H. X., & Ng, T. B. (2004). Uma nova lacase com termoestabilidade justa do cogumelo selvagem comestível (*Albatrella dispansus*). Biochemical and biophysical research communications, 319(2), 381-385.

Wang, Z. X., Cai, Y. J., Liao, X. R., Tao, G. J., Li, Y. Y., Zhang, F., & Zhang, D. B. (2010). Purificação e caraterização de duas lacases termoestáveis com caraterísticas de alta adaptação ao frio de *Pycnoporus* sp. SYBC-L1. Process Biochemistry, 45(10), 1720-1729.

Wariishi, H., Valli, K., & Gold, M. H. (1991). Despolimerização in vitro da lignina pela manganês peroxidase de *Phanerochaete chrysosporium*. Biochemical and biophysical research communications, 176(1), 269-275.

Wesenberg, D., Kyriakides, I., & Agathos, S. N. (2003). Fungos de podridão branca e suas enzimas para o tratamento de efluentes de corantes industriais. Biotechnology advances, 22(1), 161-187.

Widsten, P., & Kandelbauer, A. (2008). Aplicações da lacase na indústria de produtos florestais: uma revisão. Enzyme and Microbial Technology, 42(4), 293-307.

Witayakran, S., & Ragauskas, A. J. (2009). Aplicações sintéticas da lacase em química verde. Advanced Synthesis & Catalysis, 351(9), 1187-1209.

Wong, D. W. (2009). Estrutura e mecanismo de ação das enzimas ligninolíticas. Applied biochemistry and biotechnology, 157(2), 174-209.

Wood, D. A. (1980). Produção, purificação e propriedades da lacase extracelular de *Agaricus bisporus*. Microbiologia, 117(2), 327-338.

Wu, Z., Si, W., Xue, H., Yang, M., & Zhao, X. (2015). Caracterização molecular e perfil de expressão de novos genes de isoenzimas de lacase de *Fusarium solani* X701, um ascomiceto apodrecido pela madeira. Biodeterioração e Biodegradação Internacional, 104, 123-128.

Xavier, R. B., Maria, A., Mora Tavares, A. P., Ferreira, R., & Amado, F. (2007). Crescimento de *Trametes versicolor* e indução de lacase com subprodutos da indústria de papel e celulose. Revista Eletrónica de Biotecnologia, 10(3), 444-451.

Xing, Z. T., Cheng, J. H., Tan, Q., & Pan, Y. J. (2006). Efeito dos parâmetros nutricionais na produção de lacase pelo cogumelo culinário e medicinal, *Grifola frondosa*. Jornal Mundial de Microbiologia e Biotecnologia, 22(8), 799-806.

Xu, F. (1996a). Catálise da nova oxidação enzimática de iodeto por lacase fúngica. Applied biochemistry and biotechnology, 59(3), 221-230.

Xu, F. (1996b). Oxidação de fenóis, anilinas e benzenoióis por lacases fúngicas: correlação entre a atividade e os potenciais redox, bem como a inibição por halogenetos. Biochemistry, 35(23), 7608-7614.

Xu, Y., Lu, Y., Zhang, R., Wang, H., & Liu, Q. (2015). Caracterização de uma nova lacase purificada do fungo *Hohenbuehelia serotina* e sua descoloração de corantes. Ata biochimica Polonica.

Yague, S., Terrón, M. C., González, T., Zapico, E., Bocchini, P., Galletti, G. C., & González, A. E. (2000). Biotratamento de águas residuais de fábricas de cerveja ricas em taninos com o basidiomiceto de podridão branca *Coriolopsis gallica* monitorizado por pirólise/cromatografia gasosa/espetrometria de massa. Comunicações rápidas em espetrometria de massa, 14(10), 905-910.

Yasmeen, Q., Asgher, M., Sheikh, M. A., & Nawaz, H. (2013). Otimização da produção de enzimas ligninolíticas através da metodologia de superfície de resposta. Bioresources, 8(1), 944-968.

Yaver, D. S., Xu, F., Golightly, E. J., Brown, K. M., Brown, S. H., Rey, M. W., ... & Dalboge, H. (1996). Purificação, caraterização, clonagem molecular e expressão de dois genes de lacase do basidiomiceto de podridão branca *Trametes villosa*. Applied and Environmental Microbiology, 62(3), 834-841.

Yoshida, H. (1883). LXIII.-química da laca (Urushi). Parte I. comunicação da sociedade química de Tóquio. Jornal da Sociedade Química, Transacções, 43, 472-486.

Yoshitake, A., Katayama, A., Nakamura, A., Iimura, Y., Kawai, S., & Morohoshi, N. (1993). As cadeias de hidratos de carbono ligadas a N protegem a lacase III da proteólise em *Coriolus versicolor*. Microbiology, 139(1), 179-185.

Youn, H. D., Kim, K. J., Maeng, J. S., Han, Y. H., Jeong, I. B., Jeong, G., ... & Hah, Y. C. (1995). Transferência de um único eletrão por uma lacase extracelular do fungo da podridão branca *Pleurotus ostreatus*. Microbiologia, 141(2), 393-398.

Yu, H., Guo, G., Zhang, X., Yan, K., & Xu, C. (2009). O efeito do pré-tratamento biológico com o fungo seletivo de podridão branca *Echinodontium taxodii* na hidrólise enzimática de madeiras macias e duras. Bioresource technology, 100(21), 5170-5175.

Zavarzina, A. G., Leontievsky, A. A., Golovleva, L. A., & Trofimov, S. Y. (2004). Biotransformação de ácidos húmicos do solo pela lacase azul de *Panus tigrinus* 8/18: um estudo in vitro. Soil Biology and Biochemistry, 36(2), 359-369.

Zeng, Y., Zhao, S., Wei, H., Tucker, M. P., Himmel, M. E., Mosier, N. S., ... & Ding, S. Y. (2015). Investigação microespectroscópica in situ de lignina em paredes celulares de choupo pré-tratadas com ácido maleico. Biotecnologia para biocombustíveis, 8(1), 1.

Zhang, C., Zhang, S., Diao, H., Zhao, H., Zhu, X., Lu, F., & Lu, Z. (2013). Purificação e caraterização de uma lacase estável à temperatura e ao pH dos esporos de *Bacillus vallismortis* fmb-103 e sua aplicação na degradação do verde malaquita. Jornal de química agrícola e alimentar, 61(23), 5468-5473.

Zhang, G. Q., Wang, Y. F., Zhang, X. Q., Ng, T. B., & Wang, H. X. (2010). Purificação e caraterização de uma nova lacase do cogumelo comestível *Clitocybe maxima*. Process Biochemistry, 45(5), 627-633.

Zhao, D., Zhang, X., Cui, D., & Zhao, M. (2012). Caracterização de uma nova lacase branca do fungo deuteromiceto *Myrothecium verrucaria* NF-05 e sua descoloração de corantes. PloS one, 7(6), e38817.

Zheng, Z., & Obbard, J. P. (2001). Efeito de tensioactivos não iónicos na eliminação de hidrocarbonetos aromáticos policíclicos (PAHs) em chorume de solo por *Phanerochaete chrysosporium*. Jornal de tecnologia química e biotecnologia, 76(4), 423-429.

Zhou, G., Li, J., Chen, Y., Zhao, B., Cao, Y., Duan, X., & Cao, Y. (2009). Determinação de espécies reactivas de oxigénio geradas na oxidação catalisada por lacase de fibras de madeira de abeto chinês (*Cunninghamia lanceolata*) por espetrometria de ressonância de spin eletrónico. Bioresource technology, 100(1), 505-508.

Zhou, P., Fu, C., Fu, S., & Zhan, H. (2014). Purificação e caraterização da lacase branca do fungo da podridão branca *Panus conchatus*. BioResources, 9(2), 1964-1976.